极度效率

24/8
THE SECRET OF BEING MEGA-EFFECTIVE

【以色列】阿米特·奥菲尔 著

吴虹雨 译

Amit Offir

江西人民出版社

致我的家人

感谢你们对我的倾听、支持和鼓励,在各种各样的生活境遇里,在平静和繁忙的时光中,给予了我无尽的鼓舞。如果没有你们的帮助,我无法写出这本书。

伊莱,我的父亲:

"对我来说,极度效率意味着拥有自始至终毫不畏惧,毫不自我怀疑,顺利完成全部工作的能力。"

莉亚,我的母亲:

"对我来说,极度效率的衡量标准是,我是否顺利完成了自己当天设立的所有目标。"

沙哈尔,我的哥哥:

"对我来说,极度效率意味着有按时完成所有事情的能力,甚至在最繁忙的时刻也有时间来做所有事情。"

拉兹,我的弟弟:

"对我来说,想达到极度效率,你需要有把出色的工作和表现最佳的时段结合起来的能力。"

说　明

　　写作这本书是为了帮助你成为最有效率的你：更准确、更高效、更专业。我希望能帮助你实现目标、打破障碍，使你能够在每一次竞争中都抢占先机。

　　这本书提供了许多有效的方法和技巧，我在实际生活中运用它们，一次又一次地打破了自己的纪录，在征服每一座想要翻越的山峰时，这些方法让我不断变得更有效率，更加成功。

　　虽然我不能保证这本书中的思路和方法一定适用于你，因为你的成功取决于你在实践这些方法来探寻到底什么适合你时的信仰和决心，但是毫无疑问的是，我可以证明这些原则对我有效，另外，成千上万名参加过讲座并实践了这些方法的人都取得了丰硕的成果。

　　因此，这本书是以模块化的方式组织的，目的是让你能够检验自己的行为。随着你不断运用我介绍的每一条思路和方法来检查、提高你的表现，你将成为更有效率的人，取得更优异的成果。

　　我希望这本书能够帮助你改变自己的生活，开发出一套专业并个性化的标准，从而让你成为一个更有才能的人。

　　感谢你购买此书。我非常乐意接受你的意见，如果你愿意与我分享生活中的故事或者相关的事例，我将非常高兴。

　　如果这本书帮助到了你，请把它推荐给其他人。

关于作者

阿米特·奥菲尔是一名演讲家、商业顾问和绘本作家。除本书之外，他还创作了不少不同类别的励志畅销作品，版权销往多个国家和地区，包括《甲虫的梦想》（*The Beetle That Wants to Be*）、《龙也会害怕》（*Even Dragons Gets Scared*）、《我是如何卖掉 100 万本书的！》（*How I sold 1 million books!*）、《走出办公室，开始生活》（*Get Out of the Office and Start Living*）以及许多绘本和漫画。他的作品销量累计达到几百万，并被翻译为几十种语言。

阿米特参与设计和发展的工作法帮助数百万人过上了更好的生活。他与他们分享的方法可被概括为："只要你肯尝试，不放弃，一切皆有可能。"

阿米特进行绘画教学，他开发了独特的"轻松画"方法，让不分年龄段的大人和孩子都爱上了画画。多年来，他在绘画教学领域内久负盛名。他教授绘画方法的作品在三个国家的亚马逊畅销书排行榜的许多类别中登顶。

阿米特对旅行的热爱促使他将日常业务数字化，这让他能够一边工作一边在世界各地自由旅行。阿米特的工作法在世界各地拥有诸多学员，他们也在帮助他推广这一体系。

阿米特掌握多种语言，是一个天生的企业家。他参与了不同领域内的信息和内容产品开发，包括生活与工作的有效管理方法、畅销书写作法以及绘画交流方式。多年来，阿米特为许多专业人士、商业机构和公司提供咨询，用自己的方法帮助客户进行有效的管理，树立威信，建立竞争优势。很多人把阿米特称为"效率导师"，以及畅销书写作专家和信息传播顾问。

关于各种不同主题的个人咨询服务、课程、研讨会和讲座，你都可以联系阿米特做进一步了解。

# 引 言

2000年,我在南美洲旅行,在巴西的一座岛上经营一家旅社。那时我21岁,享受生活是我的全部追求。我只想要自由。我最爱的是生活的单纯。比如,我每天早晨去海滩边的市场买菜,为旅馆的客人准备餐食,比如刚出炉的面包和最新鲜的水果蔬菜。那时的我,就如同找到了幸福生活的宝藏一样。

我记得在回以色列之前,我对自己发誓:余生要继续旅行,一直找寻我想要实现的新梦想。

我每天都信守着这个誓言。我的畅销书《甲虫的梦想》是我还在服兵役时写的。时至今日,它一直指引着我,推动我实现了所有的梦想。这本书讲述了一只甲虫怀抱着探寻人生目标的理想,步入广阔的世界,就像我一样。

我从来没有想到这本书的出版会改变我的整个人生。它使我认同自己,在现实生活中,特别是困难时期,使我一次又一次地努力着，遵从自己的内心。

它也鼓舞了很多人在生活中鼓起勇气，听从自己的内心做出选择。它的出版推动了我不断走出舒适区，克服恐惧，解决人生路上的困难和障碍，甚至重新定义自己的极限。

这本书诞生的那一天，我告诉自己，我绝不会成为一个"赤脚的鞋匠"——只讲授方法却不在意实践。那是骗子的做法。

尽管这本书是为你们所有人而写，我仍然希望自己能引起你们的一点好奇心，我希望你们想要听听我的故事，知道我是如何画完了50多万颗鹅卵石，成为世界上作画最快的画家之一，又是如何在短短一年内写作、画插画并出版了超过500本书，一边在家中工作，一边在世界各地销售了超过100万本书的。

在这本书中，我将与你分享一些故事和观点，它们帮助我每天以一种与世界上其他人不同的独特方法行动。

我相信这本书可以彻底改变你的生活。如果你正在找寻高效的生活方式，请认真地读这本书，标注出重要的部分重复阅读。准确理解是成功运用的关键。

你是否注意到，人类的本性驱使着我们总是想要更多？我们拥有多少或者获得了多少并不重要，重要的是我们一直在朝下一个目的地前进。我们总有新的高峰想去征服。它们屹立在我们面前，明确地指引着我们去奋斗，激励着我们到达。对我来说，这就是生命的意义。只要我们在前行，我们就充满了生命力。

<u>而此刻</u>，在如此戏剧性的夸张论调后，我想收回一些话——尽管我想征服的高峰和希望实现的愿望越来越多，我总是会回想起在巴西完美地满足自己所有需求时的单纯生活。

这段记忆提醒着我，健康、快乐和享受旅程就是我需要的全部生活。这就是我要写作这本书的原因。对我而言，这是一段新的冒险，我带着满满的希望和兴奋感启程。这项使命在我的心中燃烧，因为它不仅将改变我的生活，还将改变你的，以某种方式将我们连接在一起！

这本书是我探讨对成功的渴望、征服、目标设定、实现目标的最佳方法和成果的系列书籍的第一部。谈到成功，我认为这本书会帮助你获得最重要的东西——效率。很多人虽然努力工作,但都把努力用错了地方,所以他们看不到成果。

在这本书中,我将带你踏上一段激动人心的旅程,向你展示我在事业成功和实现梦想的过程中使用的所有方法,因此你也可以做到。

我们每天拥有同样多的小时数,每周拥有同样多的天数,然而在完全相同的时间里,为什么有的人能够完成一件事,而有的人却能够完成100件事呢?久而久之,我明白了,这是名为"效率"的较量。如果我知道如何变得高效,那么我可以创造更多的内容,帮助更多的人借助我的理念过上更好的生活。也许在一定程度上,我将可以改变世界,使世界变得更加美好。

我在旅途中建立了我的第一项业务。我没有等所有事情都完美无缺后才开始。对我而言,利用知识、才能,以我在生活中喜欢做的事谋生才是重要的,我连一秒都不愿等待。当然,从开始的那一刻起,我学到的东西越来越多,我不断地提升自己的能力,以达到最好。为了这个目标,我研究了所有我认为会对我有帮助的事情。我阅读文章和书籍，看电影，向专家请教，询问了无数问题。我甚至能回想起我曾在商场周围闲逛，寻找可能对我有帮助的供货商的情景。我上门询问每一位供货商他们做的是什么，我怎样才可以和他们合作、获得发展。

当然，在这个过程中我犯了很多错误，浪费了很多时间寻找我多年也未曾理解的"正确方法"。但也许与大多数人不同，我记录了我的错误；我自省哪里没有成功，并在以后的行事中寻找更有效的方法。比如，虽然我在超过50万颗鹅卵石上进行了手绘，我仍然试图找到一种前所未有的方法来降低不能进行售卖的不合格品的数量。天然的鹅卵石经常不适合绘画，凸起、孔洞、特殊的质地和体积使在鹅卵石上绘画变得困难，然而那些我修复不了的鹅卵石画，我一只手就数得出。这些成就依靠的都是创造性思维。每次我出了些错，我都会设法用一些线条来掩饰，直到让失误天衣无缝地融入石头本身的纹路。这时，我会进行确认：作为一名顾客，我是否会买这件作品？如果我确信自己会买，那么我知道我成功完成了任务，修复了失误。而证据是，从那以后，我绘制的所有鹅卵石都找到了买家。从百分比来看，与工厂里上了机油运转的机器的故障率相比，这个数字是惊人的，足以让任何车间经理感到惊叹。

我就是这样发现了自己不屈不挠的特质。我意识到，我总是可以凭借创造性思维避免失败，并把它们转化为巨大的成功。

不要认为我天生如此。这是一项后天习得的技能，我越多利用它，收获就越大。我曾在耶路撒冷的比撒列艺术设计学院学习动画制作，寻求在短时间内掌握多领域内新技能的方法。由于我是一边工作一边学习的，我发现自己与那里的其他学生有些不同。我感兴趣的学习对象是那些会让我的工作更有效率、帮助我成长的内容。

我早上很早到校，直到学校关门才会回家。我与许多不同学科的学生接触，吸收他们的信息和知识：同学使用的专业软件，各种设备和机器以及那些机器的产出，等等。

此外，我会在不同的院系间四处走动，在每个院系都学到了很多东西。通过这种方式，我在工业设计系收获了产品的设计思路，在视觉传播系获得了大量关于印刷的知识，在影视制作系学会了电影剪辑，在艺术和陶瓷系了解了作品风格的分类。我从每一个院系获取的信息越来越多，这帮助我在后来开发出一种前所未有的工作法。我还接触了许多不同的风格、新思维方式、图像编辑软件、设计思路、音效、创新效果和动画制作方法。

此外，我还掌握了各专业词汇，可以和专业人士用术语交流。

那时，我还不明白如何把不同领域的知识融合到一起，不明白如何使用学到的知识，但是我的某种直觉告诉我，要继续研究。

随着我展开更多研究和学习，我找到了新的方法来提升自己、提高工作效率。

之后，我开始有条理地审视和思考事情，努力掌握其他技能，高效率地工作，加快处理信息的速度，渐渐打响了自己在绘画教学领域的名声，并在世界范围内获得了认可。所有这些事，都是我一边保持正常工作节奏一边额外完成的。当然，我离完美还差很远，但在那时，这些工作为我带来了很多收入，帮助我通过每次尝试让工作模式更加完善。如今，在对工作方法进行多年改善、持续提升效率后，我试着把这些信息记录下来，希望可以传达给他人，帮助更多人将这些技能运用到他们自己的生活中。

我将自己的理念结集成书，供他人学习使用，对我来说，这就是幸福的时刻。在这本书中，我决定为你总结我成功的所有要素，将你的事业转变为一台顺滑、高效运转的机器。

我确信，本书提供的方法能给你的生活带来巨大的改变，对你思考如何以最佳方式掌控生活有着重要作用。

我祝愿你获得巨大的成功，在今后的道路上能够认清你可能遇到的失败和失误，并把它们转化为辉煌的成就。

学会这么做，就没有人能够阻挡你前进的步伐和旅途！

如何充分利用这本书

此刻，既然你正在读这本书，我相信你已经下定决心，要学习如何在生活和经营事业方面得到提升。不管你迄今为止收获的知识和经历如何，我都会因你这次的决心为你感到高兴。你大概已经明白了一个道理：学习能力是成功人士的优点。如果没有学习能力，人类可能无法存活，我们可能在几百万年前就已经灭绝了。依靠创造性思维、信念、研究、勇气和首创精神,这种探索和进化的能力引领人类一次又一次地取得了前所未有的成绩。

没有这些品质,我们无法登陆月球,无法发明电灯泡,无法和地球另一边的人交流。

一方面,作为群居性动物,想用积累的知识互相帮助的渴望显然在我们心中根深蒂固,就如同有经验的父亲想让儿子避免自己曾经犯下的错误一样。另一方面,学习和进步的渴望在缺乏知识和经验者心中同样根深蒂固,他们始终希望也致力于证明,自己会在其他人失败的地方成功。这两种动机可谓硬币的两面,是刺激我们进化的原动力。

以下是一些帮助你充分、有效地利用这本书的建议。

在这本书中,我将介绍60种遍布生活各领域的实用方法和技巧,它们能帮助你提高生活、工作和拓展事业的效率。阅读时,针对每一种方法,你可以做些笔记,并根据自己的情况写下评论和感想。这是利用这些方法和技巧的最佳方式。

由于所有技巧都需要时间训练才可以掌握并形成习惯,实现自然而高效的应用,因此我们鼓励你把书中提到的理念、方法和训练付诸实践，在生活中以及相应的情境下运用它们。生活就是你的训练场，你越频繁地把读到的理念应用到生活当中，它们就越容易为你所用。

如果阅读本书时你产生了什么好想法，可以先把它记下来，稍后再回顾。

我们为什么需要极度效率

没有什么比以一种"我今天一事无成"的心情结束一天更让人沮丧的了。我们生活在一个每天都要接受大量工作任务的时代。大多数人都感到工作太多，而时间太少，尽管我们努力提高速度，任务依旧越来越多。长久以来，人们创造了大量改善工作方法的工具。如今，人们有无数方法去完成工作，但是每项工作任务却产生了更多的劳动，而且由于我们无法完成所有任务，我们还必须确定应该专注于哪一项。

许多人并不知道什么样的方法组合才是适合他们的，能让他们以最高的效率行事。出于这种困惑，他们可能会继续建立另一个工作场所，开设新社交账号，使用越来越多的工具来协助他们实现成果。每一种工具单独使用也许是有效的，但是它们同时运转会给系统造成相当大的负担，可能会导致系统崩溃，失去有效运转的能力。这样管理任务会让人感到压力并失去控制。

　　任务量的累积现象随处可见。例如，如果你开始建设一个网站，你很快就会发现，仅仅建设网站是不够的，现在还必须推广它，有很多种推广方法，但哪一个才是最正确的呢？

　　随着网站建设进行到制作内容的阶段，你会发现你需要写文案，制作宣传影片，设计标语，制作表格和问卷以及进货，等等。

　　到了网站推广阶段，你会发现为了占据搜索引擎首位，你需要调查关键词，从营销角度设计网页，写营销方案，投入广告，有组织地宣传，提供免费内容来获得客户邮箱，形成粉丝群，提供有吸引力的折扣以及更新邮箱列表，等等。

　　此外，你还会发现你需要在社交网络上开设公号和官方博客，来吸引顾客登录官网，而这项工作永远不会结束！

　　另外，你需要记住，世界在不断进步，竞争愈发激烈，而且不仅如此,你还需要表现更专业,取得更好的成就,成为最独特的品牌,提供最好的服务,设定最低廉的价格,实现最快的运送时间以及达到最高的质量标准,只有这样你才会拥有满意的客户群体。假如你没能继续完善自己,那么总是会有人超过你,提供更好的服务、更好的产品,将你抛在身后。

因此,你必须比其他人更有创意,做出比其他竞争对手更有趣、更特别的东西,这样一来,他们的客户才会被你吸引。你还要给你的客户奖励,提高其忠诚度,使其不会转向你的其他竞争者。

另外,在你的事业和生活中还会有一些日常事务。你必须维持家庭生活,找时间去拜访父母和朋友,做家务以及购物,更何况那些还有孩子的人,而所有这些还排在你的业余爱好、和伴侣度假等活动所需时间之前。

任务和安排是永远都列不完的,过负荷的工作会让一个人轻易失去方向,每件事都做不好,无法取得任何成果。

缺乏成果和运营低效会使人在创业过程中变得疲惫不堪,在工作中耗尽希望。你如果夜以继日地工作,会感到自己被事业占据了全部生活。这种感觉长此以往，会导致很多人结束创业，放弃梦想，重新做回循规蹈矩的打工仔，当然，他们也许还会尝到巨大的挫败感。

鉴于上述所有情况，显而易见的是，为了在这个充满竞争的世界里取胜，你必须能聪明、高效地工作，在竞争中体现特色，更加成熟干练，找到脱颖而出的方法，超越所有人，爬向巅峰。

所以你要如何做到这一点呢？如何在任何竞争中都处于前列，超过你的竞争对手？如何减少被潜在客户拒绝的可能？怎样才能任意打开一扇门，就判断出这笔生意是否有成功的可能性？怎样才能让你的顾客接近你，对你的产品和服务产生需求，或是对某项合作产生兴趣，加盟你的项目？

在这本书中，我将向你展示我在生活和工作中使用的60个高效技巧，它们使我在我的专业领域中位居前列。

这些技巧帮助我卖出了几百万件商品，写出了全球畅销书，让自己在各个领域内都具备竞争力。此外，多年来，我在利用这些方法的同时坚持开发新方法，持续发展个人和工作能力，积累了各种技能，建立了受人尊敬的成功事业。

我相信这本书将鼓舞和激励你不再满足于向平庸的生活妥协，而是全力以赴，过上有目标、有提升空间、有持续收获的人生。

如果在阅读这本书后，你有兴趣和需要获得进一步的指导，欢迎随时联系我，我将很乐意为你单独提供帮助，协助你按照自己的需求、以自己的节奏前进。

祝愿你能开启辉煌的旅途，用你自己的方式掌控自己的生活，更加高效，也更加成功。

我为什么要写这本书

多年来，有很多人在讲座上询问我或通过邮件联系我，想让我帮助他们在事业和生活上提高效率。其中最常出现的一个问题是，他们觉得自己特别努力，却依旧没有得到满意的结果。

我分析了导致这种情况的主要原因。我发现，这与努力的精确度有关。

首先，人们茫然地在错误的地方付出了大量精力。因此，这些精力被浪费了，引发了疲惫、沮丧和消极的情绪。在很多情况下，人们更愿意投入超出所需的精力，但因为他们在计划和思考的环节不够认真和周全，他们并没有取得预期的成果。

其次，人们承担了过多的工作任务，这导致他们在工作时面临巨大的压力，会因为没有成功达到预期目标而感到沮丧。

假如我要求你在一天开始时写下你认为自己当天可以完成的事情和工作，很有可能会出现以下两种情况。

一份过短的列表会使你对完成目标及任务感到满意，而事实上并没有使你走出自己的舒适区，创造有价值的成果。

一份过长的列表会使你感到沮丧，因为在一天结束时你会感觉自己没有做成任何事情。同样，由于你有太多工作想要去完成，你还很有可能发现自己完成的工作不尽如人意。这种感觉会导致你加班、耽误会议，最终甚至可能放弃挑战。

我的目标是制定一张最准确的列表，以最高效率发挥出自己的能力。这需要大量的训练和实践，对自己能力和工作节奏的深刻认知，以及在工作时间避免干扰的能力。

我下决心写这本书，是因为我确信它可以帮助你改变生活，使你拥有更好的人生。

除此之外，我也想创作一本帮助自己整理的书，这样我就能为我的客户提供更好的服务，同时作为持续努力进行自我提升的一部分，扩大我的能力范围。

准备这本书的前期写作，花费了我近一个月的时间，我利用这本书中详细介绍的所有方法在大量会议、工作和我的个人生活之间努力平衡，挤出了很多时间。

我于2014年1月4日开始撰写本书，计划在一个月内完成写作。接着，我在短时间内以希伯来语和英语出版，并在出版后立即想方设法用尽可能最短的时间把它推上畅销书的位置，就像之前我出版的其他畅销书一样。

我希望通过阅读这本书，你能够全力以赴、有目标地生活，不再向低效率的生活妥协。

目 录

致我的家人　　I

说明　　II

关于作者　　IV

引言　　VI

第一章　从有效率到极度效率　001

第二章　极度效率的 11 条原则　007
    1. 根据自己的风格择业　010
    2. 合理规划自己的工作节奏　013
    3. 去做让你愉悦的事　014
    4. 和积极的人在一起　015
    5. 创造"多米诺效应"　017
    6. 适时逆主流而行　022

7. 跳出思维定式　025

8. 树立你的权威和声望　028

9. 走出你的舒适圈　030

10. 升级自我营销　031

11. 学会利用跳板　037

第三章　给你每周多一天的60个技巧　039

1. 利用等待时间　041

2. 利用通勤时间　045

3. 创造帮你集中注意力的环境　047

4. 控制"三分钟热度"　048

5. 切忌克扣睡眠时间　050

6. 合理安排工作时间　051

7. 不是每个电话都要立刻接听　052

8. 固定时间查看邮件和消息　054

9. 避免在沟通中浪费时间　056

10. 在工作与朋友、家人中取得平衡　058

11. 利用音乐，避免环境噪音　061

12. 不用影视剧做背景音　062

13. 延迟满足　063

14. 利用家务时间完成多项任务　064

15. 关注饮食，维护健康　065

16. 保持兴趣　066

17. 消除对成功的恐惧　067

18. 消除对失败的恐惧　069

19. 消除自卑和自贬　071

20. 深入细节的社交技巧　075

21. 学会适时说"不"　077

22. 借助信念的力量　078

23. 相信自己会成功　079

24. 避免思维定式　082

25. 懂得自学　085

26. 抛弃非理性观念　086

27. 排列工作优先级　087

28. 抛弃完美主义　089

29. 问对人　091

30. 积极承担责任 092

31. 提高工作速度 094

32. 对漏洞敏感 096

33. 确定强项 097

34. 磨炼毅力 100

35. 不要草率行动 102

36. 应对挫折 103

37. 应对沮丧 104

38. 保持专业水准 106

39. 不放过获得知识和经验的机会 107

40. 精准努力 109

41. 关心周围的人 111

42. 找到工作重心 112

43. 积极接受新事物 114

44. 培养持久性和忍耐力 117

45. 拆解任务，应对压力 118

46. 设定截止日期 120

47. 提高竞争意识 121

48. 进行创造性思考　122

49. 多线任务处理　123

50. 预防小病　125

51. 和态度积极的成功者相处　127

52. 排除消极态度　129

53. 摆正心态，拒绝成瘾　130

54. 持续进步　131

55. 平衡各方面生活　132

56. 精简系统冗余　134

57. 提高系统效率　137

58. 规划替代方案　138

59. 合理利用外力　140

60. 事先建立应对技术问题的机制　142

结语　延续极度效率　143

第一章

从有效率到极度效率

这本书讲述了如何在生活和工作中提高效率。因此，你需要理解我们是如何定义"有效率"的。

我对"有效率"的解释是"通过你能找到的最佳、最迅速、最简洁、最有效也最廉价的方法，投入最小成本、获得最大预期成果"。

既然现在你理解了我是如何定义"有效率"这个词的，那么依据这个定义来检验你的行为就容易得多了。通过这个方法，你可以淘汰那些低效行为，并把它们转化成更高效的行动。

你肯定注意到了我使用的这个特定说法，"极度效率"。

这个词表达的程度比"有效率"更高。这两种程度的区别在于，它们利用一次性投资产生反复多样性回报的能力不同，因此创造的成果自然也会一再出现不同。在创造财务自由、打造成功事业和营造优质业余生活时，你对这些标准的分析和执行越熟练，取得的成功就会越大。

在本书中，我会更深入、详细地阐述这个概念。

在写作本书的过程中，我向我钦佩的五位在工作中表现出极度效率的同事咨询了他们对这种情况的定义。

阿托尼·雅尼夫·扎伊德博士

说服学专家，畅销书《演讲》作者

　　同时完成很多件任务，并且在事业、业余时间、家庭、伴侣以及子女之间维持适当平衡的能力。

莎伦·伊兹

必胜信念导师，开发了"成功七步"

　　从长远角度看，在保持平衡的情况下，用最少的时间、资源和金钱取得预期效果的最好方法：找到那些会为我们带来80%收益的20%。

尼尔·杜文尼

商业竞争力导师，"销售的艺术"研讨会创始人

　　解决这两个问题的能力：

　　1. 你是在正确地做事，还是做的都是正确的事？

　　在正确地做事＝有效率

　　做的都是正确的事＝极度效率

2. 我是否最有效地利用了自己的时间？

玛雅·阿维朗
高级管理者，企业家，私人及商务教练

实现极度效率的方法是利用你自身的优点主导行动，也就是说，你要在你的优势和愿望之间找到共鸣。在明确这种目标之后，你的行动将迸发能量和活力，你会毫不费力地实现目标。

塔米尔·休伯曼
在营销技术和创业领域享有国际盛名的专家及讲师

以最小投资获得最大收益的最理想的时间利用方法。

第二章

极度效率的 11 条原则

多年来，为了在工作中实现极度效率，我采用了11条原则。这些原则帮助我判断我的某项行为是让我更靠近还是远离目标。通过这种观察，我可以更轻松地决定自己是应该以这种方式行事，还是应该寻找其他有效的方法达成目标。而且这样一来，我还可以轻松消除会分散自己注意力、影响工作效率的外界因素。我越频繁地使用这些原则，就能用越短的时间取得更大的收获。我的效率提高了，我就可以拥有更多的自由时间。

1. 根据自己的风格择业

在做那些我们喜欢、关心并且抱有热情的事情时，我们会更有创造和成功的动力。反过来，掌控自己的生活并做出正确的选择也会让我感到满足和幸福。首先，我决定选择一个可以让我在任何地方都高效工作，不受单一或特定工作地点限制的行当。如此一来，我就可以决定自己在什么时候、什么地点工作，从而掌控自己的生活。

作为一个自由职业者，我决定提升自己在选择工作地点和时间时的灵活性。为了实现这个目标，我决定从事信息产品和资讯相关行业——因为这些东西可以在任何地方生产和推广。

为了不受约束，我决定经营一家通过多种渠道销售信息产品的公司，这样，我就可以拥有移动办公环境，在世界上的任何地方工作。

在我们生活的这个数字化世界里，一台能上网的电脑就可以把我们和全世界数百万人连接在一起，这大大减少了经营所需的高额间接成本。互联网时代商业最大的优点是，你可以建立自己的自动化操作系统，收取货款和运输物资时不再需要人工干预。

一旦这个系统成型，你就可以开始开发下一个产品或者扩大产品的销售渠道。在这个阶段，我就可以在家里、咖啡馆或餐馆，甚至户外工作。

为了在工作时保持高效，我需要做的只是整理、开发我大脑中的信息，使这些信息能够帮助解决人们的不同问题和需求，并随后想办法将这些信息提供给产品的目标人群。

为了在你希望的任何工作地点高效工作，你需要下面这些东西：

- 笔
- 纸
- 笔记本电脑
- 照相机
- 智能手机
- 录音设备
- 网络连接

你可以在笔记本电脑或移动设备上完成大部分的相关工作。你可以运用这些设备写作、拍照、录音，最重要的一点是，你需要联网。

因此，如果你想建立一套移动办公设施，在世界上任何一个地方工作，你需要的不过是一台笔记本电脑或者一部智能手机。当然你还会需要其他一些东西，例如传真机、复印机等，但是大多数时候，你用上述两样设备工作就足够了。这一定是把你的信息传播到世界各地最便宜、最快捷、最有效并且最实际的途径。

2. 合理规划自己的工作节奏

　　无论在什么领域内，专家和成功人士都是在大量工作的基础上，依靠不断努力逐步建立起成功的事业的。我们也在努力工作，希望自己能彻底改造自己，保持兴趣，具有独创性，并与时俱进。也许工作量始终没有减少，但我们如果可以决定什么时候工作、什么时候休息，就会觉得自己掌控了事业，而不是被事业掌控。作为专家，我们要对自己和顾客负责。顾客想从我们这里获得相关领域的最新知识，依靠我们不断进行的研究，享受并利用我们为他们总结并提供的信息。

　　为了享受工作，你需要有足够强大的身体，并懂得适时地休息和度假。如果不这么做，那么工作和责任将会让你精疲力竭，不久后，你就会发现自己变得疲倦而沮丧。

　　如果你能在需要的时候休息，认真、负责地管理自己的生活，那么你将会享受到成功的甜蜜果实。

3. 去做让你愉悦的事

很多人并不是根据这一点来行动的,他们往往会被卷入很多他们并不想参与的活动,无法感到享受。

自记事以来,我们总倾向于选择参与那些我们喜爱并能为我们和他人带来欢乐的事情,这样做会让我们更靠近目标。我们享受过程,觉得这些并不都是工作。因此,我们的生活中从早到晚充满了美好的事。

当你着手去做一件令你愉悦的事情时,你会开始享受这份工作,将会有继续和坚持的动力。你会努力奉献,为他人提供更多的价值。你的顾客会感受到这些,欣赏你的能量和热情。他们还会因为从你这里获得了极大的收益而感谢你,而这份感谢会体现在你收入的增加和发展空间的扩大里。

4. 和积极的人在一起

在通往生活和事业的成功路上，我们无法控制许许多多阻碍和困难的出现。你唯一能掌控的是周围的环境，因此你总是试着尽你所能减小环境中的困难。

例如，家人的不支持会让很多人失去信心，放弃梦想。虽然家人通常是为了保护我们，他们的举动往往是出自好意，但结果有时却不一样。对大多数人而言，改变似乎是一种威胁，因此他们总是会找到恰当的理由阻止你成长和改变。

至于你的朋友，你应当留意他们到底是怎样的人。他们是习惯鼓励你、支持你，还是打击你，让你觉得自己一无是处、能力有限。如果你发现你的朋友在传播负能量，总是冷嘲热讽、怀疑他人，总之在生活中是一个不能帮你前进的人，那么你最好去寻找其他的朋友，比如那些与你目标相似、能提供参考价值的对象，营造朋友间互相支持的氛围。在这样的环境下，你们可以一起讨论、学习和成长。

至于顾客和同事，如果他们不能帮助你成功，你同样也可以放弃他们。你不需要那些不珍惜你服务的人。和消极或持怀疑态度的人共事是毫无意义的,会让你觉得紧张不安,逐渐动摇你的自信,让你怀疑自身的能力。

你必须保护好自己,营造一个互相支持的环境,跟那些会鼓励你、和你理性讨论问题的人相处,解决途中的困难和阻碍。在这样的环境下,你犯的错误会减少,你成功的概率会增加。

找到合适同伴的极佳方法:寻找那些会帮你分析如何做成事的人,而不是那些总是对你说不行的人!

我们都知道,减少与某些朋友或同事的相处是很难的,而且有时是他人无法理解的,但是你必须明白,为了你的成长和发展,你经常需要做出这种妥协。如果你做出了正确的妥协,那么你将会觉得自由和轻松,并会很快迎来成长。

5. 创造"多米诺效应"

我对"多米诺效应"的定义是"采取的行动或投资会长期在每个生活领域以不同方式持续带来成果"。

请阅读我接下来要讲述的故事。这个故事体现了极其重要的高效管理准则之一。这个准则可以改变你的生活,帮助你获得极度效率。

在我开始第一份事业前不久,我短暂地在一家咖啡馆做过服务生。我真的很喜爱这份工作,很快就和其他店员成了朋友。在最初的几周里,我已经认识了好多老顾客,他们都很喜欢我。我认真工作,努力奉献,当然,客人们都能察觉到我的努力,并表示非常欣赏我。我能提供出色的服务,干活专业又麻利,保证每道菜都能在短时间内上桌,并迅速地记住了每一位顾客的名字,为他们提供专属服务。我的雇主自然欣赏我的工作,对我非常满意。

尽管我喜爱这份工作,每一次轮班结束时,我都感觉自己的工作好像缺乏一些深刻意义。当我下班时,另一位店员会接替我，在那一刻，我被彻底地遗忘了。

有时会有客人问："阿米特在哪儿？"得知我已经下班时，他又会问："那么谁来接他的班？"对话到此结束。

同时，我的第一本书《甲虫的梦想》出版了，我特别激动，有一天对咖啡馆的同事说了这件事。他们很兴奋，想要看看这本书。第二天，我带来了几本，在休息时拿给他们。

不到几分钟，他们就买走了我带来的全部书，这令我感到非常开心，我从未想象过这样的情景。我在仅仅几分钟内挣的钱和工作一整天挣到的一样多，但是几分钟后才是彻底改变我人生的转折点。

买了我的书的一位女同事把书放在围裙的口袋里。她带着书在桌子间四处走动，为客人服务。不一会儿后，一位客人感到好奇，询问她围裙口袋里的书。她向他展示了那本书，说店里的一个服务员就是书的作者。客人很激动，让她把我叫过来。当我来到桌前时，这位客人问我是否可以卖给他一本，我答应了，到我的摩托车那里取了一本。当我回到店里时，我惊讶地发现其余的客人也在询问这本书，有两个人也想买。那一天，无须额外的努力，我拿到了双倍的工资！

次日，我又带了几本书去咖啡店，随意地跟我的客人聊起这本书。如果客人表现出兴趣，我就把书拿给他看。他们的反应普遍都很热情，甚至还有人高兴地从我这里买下了一本。在接下来的几天，我又赚到了双倍薪水。甚至有几次，有些客人几天前已经买了一本，又特意来到咖啡馆多买了几本作为礼物。久而久之，这成了常态，惊动了咖啡馆老板，他礼貌地要求我在上班时不要出售图书。

那就是我给别人打工的最后一天。

在发现我可以将两种工作合并在一起经营时，我意识到我已经摸到了一项大事业的门槛。现在，我把它称为"多米诺效应"。写书是一个人可以为自己做的影响最深刻的行动之一，因为它只需要你一次性的付出，一旦你完成了写作，它将开始不断为你服务。同时，随着书籍的出版，你也会拥有知名度，你的作品和名声会为你创造许多收益。我会在本书后面的章节和我其他的作品里详细阐述这些。

从那以后，我一直在学习如何提升这项技能：为自己创作的每一本新书、开发的每一件产品建立更多的销售渠道。当我的业务水平越来越高,我开始设法设计成本更低的活动。我可以付出更少的时间和力气,同时却享受到更多的成果。

如果你想变得更高效,试着思考一下你可以创造怎样的多米诺效应,并立即开始付诸行动。

拍摄视频、录制音频和写作都是创造多米诺效应的极佳工具。如果你是一个演讲家,那么可以考虑录制你的演讲。如果你拥有可以帮助他人的知识,那么就把它写成书或者转变成演讲的形式。通过这种方式,你只需付出一次时间和精力,就可以一遍又一遍地反复出售或重复利用你记录的知识。

举个例子,假如你想训练你的雇员,教会他们工作技巧,那为什么要花费宝贵的时间亲自训练呢?这样既昂贵又费力,而且每次都需要重复进行。你完全可以把训练内容录制下来,供有需要的新员工观摩。

想象一下,音乐家在写完一首曲子后,凭借一次性付出,可以多年享受作品的版税。作家写下一本书,便会在各自的专业领域拥有长期的版权以及很可能终身享有的版税。重要的是要记住,为了长久享受一次性付出带来的多米诺效应，你的产品必须和你的目标受众在未来数年内紧密相关。比如，你写了一本技术相关的书，那么你很可能需要不断对其更新以保持最高的专业水平，因此你经常需要再次付出时间、金钱和精力。这样一来，比起写一本具有长期适用性和实用性的书，你产生的多米诺效应就低得多。这就是为什么我的"轻松画"系列卖得很好，并能在多年间不断再版，为我带来持续性的收益：总会有新的人想学画画，因此对我而言这是一项明智的投资。我建议你认真考虑自己的选择，把时间投入更有可能长期保持适用性、社会存在持续需求的产品上。

例如，与一本关于利用互联网进行有效营销的普通图书相比，一本关于某种特殊销售渠道的教科书可能就不是最好的选择。这是因为我们可以大胆预期：互联网在未来多年中还会继续为我们服务，并总会有人想要销售产品。

所以，比起关注某个特定场景或是某个特殊平台，我更建议写一本关于互联网销售、面向更广泛读者的书。因为那些特定的场景和平台总有一天会发生变化，这将使你的书不再那么有意义，甚至会让它被淘汰。

6. 适时逆主流而行

在逆流中游泳需要大量力气并会降低前进速度,似乎是十分低效的行为,但是你可以利用这个原则彻底地改变你的生活。

你是否问过自己,你为什么在做现在的工作?你是否注意到你的很多行为是机械、惯性、不假思索的?我们常常为自己的言论或想法辩解,说"每个人都这么做",或是因为"就应该是这样的"。你需要检查一下你的行动是否真的在为你服务。如果你认为所有人都在同样的时间开车去工作,并且你每天也如此,那么事实上,你每个月都会因为堵车浪费几十个小时。考虑一下,如果你提前或推迟一个小时出发会发生什么呢?

仅仅是稍微改变一下通勤方式,你每周就可以多获得一天的工作时间!如果你把这条准则应用到你的生活当中,你还会省下一大笔钱!还有两个更进一步阐明这个观点的例子。

在旺季,机票价格非常高,但在之前或之后的一个月里,价格较低。此外，在淡季，坐飞机的人会减少，所以机上也不会那么拥挤和吵闹，而你的目的地天气可能并不比旺季差。淡季还有更多其他的优势。另外，机票在临近起飞时是很便宜的，因为大多数人并不会不经计划出行，只有那些心血来潮的人才会买到这种机票。

而当大多数人在度假时，我可以拥有更多的时间来开发产品，创作下一本书，扩大自己的业务。这些都是可以做到的，因为电话和其他干扰会减少，周围会安静下来，这些有利条件可以让我用这段时间重新整理思绪，开发新的内容和产品。通过巧妙的计划安排，我还可以获得更多收益，因为竞争减少了——别人都去度假了。

另外，如果你明智地规划了自己的行动，你会发现每个行业也有旺季和淡季。如果你游走于这些时期之间，能够在旺季里完成工作，便能处于领先地位。

这是我根据开学前文具和参考书热卖，而在冬天拼图和棋盘游戏销量增加的事实得出的结论。至于市场，如果一个国家面临金融危机，那么你还可以把眼光投向另一个经济局势稳定的国家。

通过这种方法，你可以构建一个独立的体系，使你总能找到那些存在很大业务发展空间的地方，避开那些你成功可能性很小的领域。

7. 跳出思维定式

利用这一节概述的理念,我曾很多次把困难和阻碍转化成为优势,利用它们在生活或工作中提升了自己。

多年前,在进行最初一项业务时,我从合作过的一家印刷厂那里订制了2万张邀请函。其中大约一半都是给我的一个大客户的。几天后,我收到了货物,震惊地发现印刷厂出现了印刷错误,所有的卡片都毁了,无法出售。

原来,他们在制作时没有注意,在卡片背面印了深色,因此字迹模糊,难以辨认。这个缺乏注意导致的小失误使印刷厂损失了数千美元。

当我向印刷厂的老板指出这个问题时,他非常不安,为自己当时没有注意而自责。我向他提出,不要扔掉这些损坏的卡片,重新印制一批提供给我的客户。第二天,我拿着完好的卡片和几张印坏的卡片开车去了我的客户那里,带去了一个想了一整晚的计划。十分钟的会面过后,我从客户那里又拿到了另一个订单,他也同意支付那2万张损坏卡片的成本。

你可能在想我到底是怎么做的,在会面时和客户说了什么。首先,我对客户讲了这次失误,建议他以非常低廉的价格买下这2万张印坏的卡片,作为明信片使用。

我在前面提过,出问题的是卡片的背面。在想到这一点时,我意识到如果可以把卡片裁成两半,那么卡片的正面完全可以再利用。在裁剪之后,产品从邀请函转变成了明信片。因为我的建议,客户以便宜的价格买下了出问题的卡片,我又成功地说服了他加购2万张并不在计划内的明信片。他对这笔生意非常满意!

回到印刷厂后,我告诉老板我找到了卖掉这些问题卡片的途径。他只需从正中间帮我裁开,这只花费了他几分钟的时间。作为回报,我支付了他材料的成本。他很高兴。

由于我只向印刷厂支付了成本,所以我赚得特别多。这笔轻松的交易的利润比原来的那笔还要高。

用这个方法,我帮助印刷厂避免了几千美元的交易损失,还帮助我的客户发现了机会,购买了他将来可以赚取更多钱的商品,而且比起原本的交易,我获得了翻倍的利润。

长久以来，我为自己建立了良好的声誉，以一个诚实而富有创新性的商人形象，吸引人们与我合作。

创造性思维帮助我在其他人可能会失败的地方获得了成功，而这个例子只是众多事例中的一个而已。

8. 树立你的权威和声望

在个人生活和事业的发展过程中，在你的领域内树立权威和声望极其重要。无论你是企业雇员还是自主创业，是老板还是自由职业者，你的名声会是你成功路上最大的助力，也有可能成为最大的阻碍。一个人的名声是很宝贵的，应该得到认真地树立和维护。

因为名声受到损害，多年来建立的一切都被摧毁，不复存在……历史上这样的例子太多了。

信任很难恢复，人们常常一个不小心就毁掉多年来的辛苦经营。另一方面，很多人并没有意识到声望的惊人力量，并没有花心思树立和提升他们的形象。虽然大多数企业家和自由职业者都意识到了对声望进行投资的重要性，但很多受雇工作的人并没有理解在领域内获得专家地位的重要意义。那些在一个组织内成长并赢得了良好声望的成功人士，可以轻而易举地进入另一个组织，或利用建立的声望开创自己的事业。这就是为什么公司的领导者和高层经常要以个人名义出席活动，发表言论，接受采访，成为公司形象的代表。他们这样做，是希望借此树立自己的名誉、声望、威信和价值。因此，他们可以利用一路建立的声望获得新的职位或项目，开创新的事业。如果你想要在生活中取得进步，那么试着在相关的领域和圈子里树立你的声望吧。想要做到这一点，你需要一直提供绝不少于承诺标准的服务，遵守信用，做到专业、诚实并绝不说谎。只要有一次失信记录，你多年来努力赢得的良好名誉和声望就会被毁。恢复声望可能要花费很长的时间和很大的力气。

9. 走出你的舒适圈

为了提高效率，走出舒适圈是必要的成长过程。如果待在自己的舒适圈里，你将永远无法经历真正的成长和进步。危机会促使我们进步，帮助我们获得成功。我们通常只有在遇到困难时才会开始想解决办法。所有关键药物的研发都源于攻克致命疾病的真实需求。

你为迎接和应对这些意外做的准备越充分，就越能避免耽搁，实现预期的成果。

这些年来我意识到，为了打破纪录、取得更好的成果，我们能做的最有力的一件事就是离开舒适圈。当我们的生活中发生预料之外的事情时，我们需要拿出解决的办法。所以，作为训练自己应对这些"惊喜"的一个方法，我会模拟不同的压力情景，故意制造一些问题、危机或者情况，要求自己运用创造性思维去处理、克服或是彻底解决它们。模拟这些情况的一大优点就是可以掌握控制这些"惊喜"的能力。此外，不断地模拟这些情况可以提高我们应付真实压力的能力，帮助我们在面对真正的危机时也能取得预期中的成果。

10. 升级自我营销

很多年前，我读了《富爸爸，穷爸爸》(*Rich Dad Poor Dad*) 系列的《年纪轻轻就退休》(*Retire young, Retire Rich*) 一书。我用黄色马克笔将书中对我最重要的段落标了出来，以便反复阅读。在其中一页，作者罗伯特·清崎 (Robert Kiyosaki) 有几行关于速度的论述。他写道，那些想要快速致富的人需要了解如何迅速改变现实。他没有详细论述这个话题，而出于某种原因，我也没有完全理解他的意思，所以我并没有在书中将那部分标出来。很多年后，当我在演讲或是和客户的交谈中提到这个话题时，我明白了其中的含义。我相信他想说的是：适应变化是生活中最困难的事之一，变化越缓慢，我们越容易接受。但是如果我们想要加快进步呢？这就需要我们在短时间内做出巨大的改变。对大多数人来说，认清某种变化过程已经很困难了，接受它则更困难。

每当我想进入下一个发展和成长的阶段时，我都会明白自己需要赌上一切。我事业上的一大飞跃是在专业领域，我的知名度从国内延伸到了国际范围内。在我的书登上三个大洲的畅销榜时，我马上意识到自己熟悉的"我"已经被一个全新的、完全不同的"我"代替。对我自己而言，我似乎没有变，但是对我周围的人而言，我已不再是之前的我。我认为，为了取得成功并且胜任我的新形象提出的要求，我需要表现出自信，展示自己的管理能力。成名的经历是很短暂的，一生也许只有一次机会。如果我做不到更专业，那么很快将有其他人取代我的位置。

我明白，那就是我成名的时机。终于，经过几年的努力，我享受到了成功的甜蜜果实。此刻，它发生了！我不会错过它，一分钟也不会。

在意识到这一点的那一天，我仔细检查了我所有的工作，意识到我需要尽快建立自己的新身份，向客户们介绍我现在是谁，创立一个符合全新现实生活的形象，逐渐将其经营起来。

通过采取以下五项行动，我作为企业培训项目的提供者，完成了向全新现实的转变。

重新考虑提供的服务种类

有些服务将不再重要。我决定只专注于那些会带来巨大、重要成果的项目。如今，我拒绝了那些找我提供小型服务的客户，并把他们介绍给提供同样服务的同行，收取一定手续费。我必须尽快为我的大客户提供方案，我不想让任何因素放慢我的速度。

对服务重新定价

因为我的身份发生了变化（虽然只发生在几天前），我提高了讲座的价格，以配合这个新形象。我根据自己为客户带来的全新价值设定了价格。价格必须合理，并要匹配一个在不同国家登上畅销书榜单的演讲者的身份。如果你开价太低，人们会看轻你的价值。

创造新的服务项目

不久之后，我就收到了第一单生意。一个熟识多年的客户邀请我再次去他工作的学校演讲。我告诉他，我的书让我有了新的身份。他赞扬了我，说他一直很欣赏我做的事情，并很乐意把我介绍给校长。当然，我在那所学校进行了演讲，对他们而言，价格似乎是非常公平的。此外，他们对能邀请到畅销书作者来学校演讲而感到非常自豪，对这次活动进行了宣传。这次宣传使学生们期待我的到访，像对待明星一样迎接我。当我结束演讲时，甚至有学生找我签名，我享受这段经历的每一分钟。

重新定义自我

在每项业务中，我都会与两种类型的客户打交道。

一种是通过介绍来找我的客户。我会告诉他们我身份的转变，并热情地使他们明白：尽管我的身价上涨了，我依旧很乐意给他们打折。我会向他们收取比之前高25%的价格。他们也热情地回应，很乐意邀请我去他们的公司，并很感谢我给他们打了折，尽管我收取的费用实际上比之前多。

另一种是通过搜索引擎找到我的客户。他们只是在搜索相关领域的信息，并不一定了解我。我会用几句话告诉这些客户我是谁，可以为他们提供什么服务。尽管他们对我的成就印象深刻，也很高兴见到我，但他们并不是在寻找领域内的佼佼者，有时，他们对以更低廉的价格提供培训项目的普通培训师就已经很满意了。

寻找并训练普通培训师

因为发现还有寻求更低廉价格的客户，我需要找到一批普通培训师，训练他们掌握我的方法，这样，他们便能以低档的价格提供相应的服务。

这种做法让我也可以帮助那些客户获得最好的服务。同时，这些培训师还可以帮助我起到宣传自己的作用。另外，我还可以帮助他们发展他们的事业。再者，我还帮助了更多的人利用我的理念享受更好的生活。你越能清楚地辨别对你的事业无效甚至阻碍你发展的因素，就越能以更快的速度前进。这个原理来源于意大利经济学家维弗雷多·帕累托（Vilfredo Pareto）提出的"二八定律"（The 80/20 Rule）：许多事件的努力和成果呈现 80 比 20 的情况。意思是，我们 80% 的努力会创造 20% 的成果，反过来，我们

20%的努力也可能会创造80%的成果。

你的事业是动态的,总是在不断变化。因此,你的思维也必须是动态的,你要在任何时候都清楚自己事业的80%和20%体现在哪里。某一刻对你事业有效的事情在另一刻并不一定有效。你越多向自己提出这个问题,就越容易取得最令人满意的成果。

11. 学会利用跳板

在采取任何行动之前，我都会思考如何才能使这项行动的成果成为跳板，帮助我获得更大的成果。多年来，我改善了思考方式，而且，我做这样的思考越多，就越能高效地行动。

比如，你在某个领域对与大客户合作感兴趣，那么就去找到他们中的一个，提出一项对方无法拒绝的交易，哪怕只是收取象征性的费用或者你自己出钱。现在，你可以把他们的名字和你其余的客户并列展示，这会帮你打开同一领域内其他大客户的大门。

你要做的是用你取得的每项成就去打开新的大门。有时候，你很容易在某个方面有所成就，而这项成就在另一个你想占领的领域看来是巨大的。

请记住，在一个领域内有所成就，如出版了一本书，可以为另一个领域带去影响，如演讲。

第三章

给你每周多一天的60个技巧

1. 利用等待时间

有多少次，你被告知某次会面要推迟，在计划时间的几分钟、半个小时甚至一整天后才开始？

你可能会遇到如下情况：

- 交通问题
- 你准时到达，但是前面的人太多，你等候了很长时间
- 你没有预约，有人在你前面先接受了服务
- 你的车或手机出了问题
- 你在超市收银台排队等待结账
- 你到达机场，但飞机延误了几个小时或者甚至整天

这些情况其实没什么大不了的。它们在无意中为你创造了一段"时间黑洞"。现在，你原本要做的事会被耽误很长时间，如果你没有事先做好必要的准备，理智行动，那么你就是在浪费自己的时间。在这些情况下，大多数人利用时间的方法效率低下，比如：

- 买杯咖啡
- 看报纸
- 听音乐
- 打电话消磨时间
- 玩手机
- 购买不需要的东西
- 望天或者看电视来打发时间

只要积极制定计划，生活自然就会走上正轨。多年来，我学会了不再依赖时钟，当然也不去依赖别人的指示。生活自有它的进程，我一直努力为可能出错的任何事做好准备，让自己能够应对计划的改变。因此，我学会了在出门办事时准备好一项后备计划和可能需要的工具，比如文具、笔记本电脑、耳机、照相机、电池、不同设备的充电器以及数据线。利用这些工具，我可以随时随地工作，并能完成许多工作任务。即使你是一名雇员，你也可以在这些情况下推进你的工作，节省你在办公室的时间，或者做一些你想要与工作同步开展的私人事务。很重要的一点是，在离开家前，我会选择只带最需要的东西，这样就不会太重，不需要背一个太大的包。通常情况下，我会带着我的笔记本电脑，甚至只拿着我的手机、充电器和笔。

我可以用这些满足最低需求的设备做很多事。这里有几条在此情况下提高效率的建议。

● 如果你近期有写作计划，趁这个时间写下你想要写的书或文章的主题，撰写目录、提纲甚至内容本身。你可以在手机上记录自己的想法，开发下一个信息产品。

● 想办法提升你的专业技能。

如果你是画家：画你周围的人。

如果你是演讲家：准备你的下一次演讲。你可以用耳机听你感兴趣的或与你专业领域相关的讲座，例如在等候会面、走路、吃饭甚至旅行时。

如果你是摄影师：拍摄你周围的事物。

你的职业是什么并不重要。你还可以上网搜寻与你工作相关的信息，你可能会在网上看到有关你的领域的最近的新闻报道，这些信息可以渗透到之后的专业讨论中，提升你对当前领域内动向的关注水平。你还可以对你正在进行或将要开始的项目进行下一步规划。你可以利用这段时间检查所有变量，力图在创建项目时达到最高的精确度。

列出项目的优点和缺点，根据效率来进行判断。检查是否会出现任何对项目造成阻碍的因素，评估如果去掉它是否会影响其他因素。如果不影响，那么从列表上划掉它。你的目标是用尽可能短的时间取得最丰硕的成果，把你的信息传播给尽可能多的人。每一个无法满足这个要求的行为都需要被重新审核，必要时可以删除。

2. 利用通勤时间

对一些人而言，通勤是日常生活的一部分。如果你每天都需要花单程半个小时坐公交车去工作，那么每周累计就是 5 个小时，还不包括等车和步行到工作地点的时间。

你如果能做好这种加法，学会如何把这段浪费的时间转化为有效的工作时间，你每周就可以获得更多工作时间。

同样，你如果开车上班，其实也浪费了大量的时间，你应该好好利用，把浪费的时间转变为巧妙地对自己进行投资的时间。

你在计算每周到底浪费了多少时间时，要注意花在路上的这些不必要的时间，想办法利用这些时间有效地工作。比如，如果你正打算去学校接孩子，每次都需要等待 10 分钟，那么你可以利用每周多出的这一小时做一些富有成效的工作。

你如果定期坐飞机，可以把漫长的候机和飞行时间利用起来。事先做好思考和计划，确保你带了笔、笔记本电脑和耳机，能上网，你就可以利用这些时间完善你的产品。在旅途中，这些都是有用的。

另外在开车时，你的耳朵和嘴是没有被占用的。你可以在开车时练习演讲，或者听一场有意思的演讲录音（只要你能确保这些不会影响交通安全）。为此，你可以提前下载很多主题的演讲。

你还可以考虑利用这个机会把你在车上的演讲录下来，这样其他人也可以在开车、锻炼或躺在沙滩上时听。通过这个方法，你可以利用开车的时间制作对你有用并能带来利润的产品。你可以想想，你利用开车时间制作的信息产品赚得的利润，可能比你这段路程需要的汽油钱还多。把你的车当作一个移动型的办公室吧，这样一来，你甚至可以把汽油、维修和保养的费用都记到你的账上报销。这些是当之无愧的工作开销。

3. 创造帮你集中注意力的环境

在工作的时候，你身边会出现很多分散你注意力的事。它们大多都很琐碎和短暂，但是会拉低你的工作效率，久而久之，会严重影响你的发展。

这些行为会迅速分散我们的注意力，将本可有效率的一天变得毫无收获。作为自我管理的一部分，你应该想一想如何在这些情况下排除干扰。

一些简单的解决方案可以帮助你在不同的情况下自我控制：如果你需要专心工作，就关掉手机。如果电视干扰了你的注意力，也关掉它。关闭过多的浏览器窗口，在必要时甚至需要断网，将注意力集中在一个任务上。

4. 控制"三分钟热度"

很多人都会对遇到的新鲜事物感到兴奋。在我们购物的时候,这种情况常会发生。你会因为商店里的商品看上去特别诱人而决定购买,但是之后却几乎没有用过它。

冲动浪费了我们的精力、金钱和宝贵的时间。很多人会轻易被新项目吸引,因此会购买新设备和专用软件。他们在开始时非常兴奋,而这种兴奋在不久之后就会逐渐消散,他们又会继续开始其他新项目。然而,重要的是努力开始并始终坚持一个项目。如果你容易对事物感到厌倦,有一个方法:努力每次从不同的角度寻找它们的特别之处。

你还可以试着从过去的经历中总结经验,更好地了解自己。通过这个方法,你能分辨一件事是否真的吸引你,而不会被一时冲动支配,很快失去兴趣。但同时你也要记住,不去尝试,你就永远都不可能了解一件事。你需要多加训练并学会认识自我,才可能掌握这个技巧。

我热衷于掌握尽可能多的技能。因为我是一个非常容易冲动的人,喜欢率性而为。我经常会发现乍看下毫无关系的话题间的关联和相通之处,而且我会在每一个话题中寻找可以帮助我提升专业水平的地方。例如,我会选择我十分喜欢的野外生存话题,把它和我的事业中关于决心和毅力的主题联系起来。我把在巴西滑雪的经历转化成一场讲座,还告诉听众我如何从驾驶游艇的过程中学会了导航,如何不偏离航线直至到达遥远的终点。

5. 切忌克扣睡眠时间

睡眠是保证身体机能最佳运转状态的必要条件。缺乏睡眠会严重影响我们的表现、专注力以及工作节奏。研究表明，一个人10天不睡觉就会死亡。极度缺乏睡眠会引起多种身体疾病，每晚按时睡7至8小时可以帮助我们将身体的运动能力最大化。

出于习惯、文化、夜生活、各种各样的任务、日常烦恼以及其他多种原因，很多人无法获得需要的睡眠时间，因此白天的活动效率会降低。他们的行动更迟缓，头脑变得更迟钝，表现也更糟糕。

虽然这本书的目的是教你如何每周多创造相当于一天的高效工作时间，但减少睡眠绝不是解决办法。

6. 合理安排工作时间

很多人喜欢在夜晚工作。有些人说他们更喜欢在夜晚工作，是因为干扰和分散注意力的因素会减少，可以更专注于工作。我有时也喜欢在夜晚工作，我并不觉得这有什么不对的，除非除此之外你在白天还有工作需要完成。

如果你除了白天以外，还在晚上继续工作（这是常有的事），那么第二天你就会付出精疲力竭、注意力不集中以及疲惫不堪的代价。

对某些职业而言，在夜晚工作是绝佳的工作方法，这样可以减少周围的干扰，确保工作在相对安静的环境下进行。产品开发、做设计以及思考都是适合在晚上进行的活动的绝佳例子。此外，如果你和有时差的海外客户一起工作，那么为了更好地合作，适应时差才是明智的选择。

7. 不是每个电话都要立刻接听

下面这样的对话体现的想法是不是并不奇怪？

A："我在听到电话响起的那一刻，扔下了手头所有的事跑过去，成功地接到了。"
B："谁打来的？"
A："那有什么关系，重要的是电话响了。"

有多少次，在你白天忙碌的时候，电话突然响起，打断了你的注意力，迫使你分心去讨论一些和手上工作完全无关的事情？来电的麻烦是因为这些电话往往不在我们的控制范围内，会在任何时候、任何地点甚至在我们不方便和不想说话的时候打来。然而，绝大部分人几乎在任何情况下都会自然地接起电话。但我不会立刻接电话，这样做有很多原因：打来的电话就像浪费时间的甜蜜陷阱，特别是当电话响起时，你被它的魔力深深吸引，甚至不权衡它和你手头的工作谁更重要和紧急就接起来。

为了避免浪费时间,你需要辨别哪些人的电话是需要立即接的。你要让其他人留下语音信息,在你预留的回电时间或者任何方便的时候,再一次性回复他们。

8. 固定时间查看邮件和消息

在工作的时候，很多人查看消息的次数往往过于频繁。有些人会留意每次收到新消息时的提示音。这样做很危险，因为这会将大大拉低我们的效率。消息的提示音会转移我们的注意力，例如在看电影、和家人聚餐或者开车时。在听到提示音后，我们的思绪会开始游走，会感到好奇。不过一秒，我们就会失去集中力。

此刻对我们来说，最重要的就是查看是谁发了什么。有时，那些消息毫无意义，不需要立刻处理。研究表明，人们每天会查看邮件和消息几十次，有的人还有好几个邮箱。查看邮件和消息让我们浪费了大量时间，并驱使我们马上回复，拖慢了我们的工作速度，使我们失去了之前的工作劲头。

请记住，每次你停下手头工作，哪怕只有一小会儿，在几分钟后重新开始时，你都需要浪费时间去找到你之前停下的位置。重新捡起手头的工作并集中注意力都需要花时间，因此你浪费了宝贵的时间、资源以及精力。

假设你在车里，每次想下车时你都需要换挡、减速、靠边停下来。那么，请考虑一下你做这些动作时浪费的汽油、重新达到之前的速度所需要的时间以及加速时汽车需要的动力。

对此，我们的建议是在一天当中设置查看邮件和消息的固定时间，比如一天的开始或结束时。如果有紧急的事情，对方会想办法找到你的。你可以设置自动回复，或者标明"如有紧急情况，请电话联系"。在尝试这个办法后，你会发现自己很快养成了习惯，并因此可以集中全部注意力高效地去完成更多事了。

9. 避免在沟通中浪费时间

可能有很多次,你在与客户或供应商见面的路上浪费了大量时间,影响了收益。早知如此,你可能就放弃这次合作了。

可能有很多次,你安排了并不重要或你不需要的会面,或是在会面前就明白成功的可能性微乎其微,而且会面地点还在其他公司,你必须开车过去——这打乱了你一整天的安排,让你把时间和金钱浪费在停车、定位以及出于礼貌点的那些你并不需要的餐上。

客户可能会消耗你大量的时间和精力,所以你需要知道如何机智并有条理地处理这些事情。一方面,客户想得到的是服务,是你只为他／她一个人服务的感觉。这也是你想带给客户的感觉。但是另一方面,你还想设定服务标准,希望客户会为了得到同样的私人服务而付钱。如果你与客户建立了这样的关系,那么你会发现,你可以变得更高效,节省资源和时间,为客户提供更好的服务并得到对方的认可。

以这种方法行事，你需要决定你想什么时候见你的客户，并优化交流的方式，节省自己的时间和不必要的投入。

你还需要建立起简短的沟通模式，这样你的客户会珍惜你的时间，精简乃至概述自己的意图，而不是让对话发展成令人精疲力竭的长篇大论。例如，你可以使用指向性更强的表达"你好，我正要去开会，有什么我能为你做的吗"直接提出问题，而不是以泛泛的"你好吗"开始寒暄。试着提出更具体的问题，获得更明确的答案，比如"关于……的事是否有什么进展""为了取得进展你都做了什么"。一旦使用这种句型，你会发现谈话时间将大大缩短，而且对你和客户而言，谈话的价值还会提升。

10. 在工作与朋友、家人中取得平衡

朋友是最具有诱惑力的群体之一。随着年龄的变化，我们发展的人际关系类型也会发生改变。如果你因为需要工作而错过了与朋友相聚的机会，你会觉得沮丧。当然，这种遗憾的感觉取决于你与朋友的亲密度如何、他们是否经常有空以及你错过了哪种类型的娱乐。当这种情况不再是个例而逐渐变为常态时，问题就变得严重多了。超量的工作让你错过了一次又一次和好友一起玩乐的机会。你会变得越来越沮丧，越来越不喜欢你的工作，无法按时完成任务，从而形成恶性循环。

你需要决定什么时候可以放弃工作去与朋友聚会，什么时候不可以，因此，你需要衡量工作的重要性和紧急性，判断自己是否可以为了和朋友的一点乐趣而耽误工作。除此之外，你还需要审视一下你的朋友。他们是会激励你，让你觉得开心，还是会动摇你，让你感到苦闷。

如果你的朋友会让你觉得自己很糟糕，并不看好你想做的事，那么也许你应该换个环境，与一些可以给你的生

活带来幸福感和满足感的朋友相处。这样的环境才会使你带着新的能量，精力充沛地返回工作中。同时，你还需要审视自己的娱乐生活，想想你习惯怎样的时间、频率和场所：是每周找一个傍晚在咖啡馆聚会，还是每周能有五次在酒吧里待到很晚？

而与家人相处时，你需要怀着最大程度的体贴和温柔。

我们与家人的相处是复杂而独特的。基于这种关系的复杂性，我们需要承认，家庭关系是影响效率的一个重要因素。

关键是要记住，家人往往想要保护我们避免失败和失望，因此可能会反对我们的一些冒险之举，但很多时候，他们并不知道如何处理这些情况才是正确的。

在很多情况下，他们出于情感而不是知识给出建议，但好心未必会带来好的效果，家人的建议反而可能引发沮丧、愤怒、无助的感受甚至消极结果。

我们要努力找到一种听取家人意见的有效方式，如果我们家中有人对某件事足够了解，有经验，那么先向他/她咨询并听取其意见和建议是很明智的。但既然你已经是个成年人了，那么在听过家人的建议、认真考量所有因素后，你还需要自己承担责任，最终做出下一步的决定。

在家人中，伴侣通常会带给我们最重要的影响，选择人生伴侣是一项会影响你事业和工作的决定，所以你需要仔细考虑，明智选择，接受伴侣对你的人生和成就的长期影响。

伴侣会对我们的思想产生相当大的影响，特别是在结婚生子后。伴侣可以激励、鼓舞我们，也可以使我们变得沮丧、消沉。他们可以避免我们自我满足，或者帮助我们向目标靠近。他们用爱和支持鼓励我们，帮助我们成长并建立自信。

11. 利用音乐，避免环境噪音

有些任务是无法在听音乐的时候完成的，因为音乐会分散你的注意力，严重破坏你的效率和执行能力。不过，音乐同样可以帮助你在某些工作领域变得更高效。你需要确定在你工作时，音乐是会帮助你还是干扰你。如果音乐干扰到了你，那么就去找个能隔绝音乐的地方，这样你就可以掌控自己的工作状态。

就拿我来说，音乐会干扰我写作，但是有助于我绘画。另外，某些种类的音乐可以给我灵感，而有些则会影响我集中注意力。因此，当我想写作时，我会找一个安静的地方，而不是像咖啡馆那种我无法决定背景音乐、音量以及外在条件的地方。

环境噪音比音乐更糟糕，有时会让你根本无法集中精神。为了高效地工作，你应当选择一个你可以控制自己周围环境的工作场所，尽可能远离吵闹的地方。

12. 不用影视剧做背景音

很多人在工作时会把电影或电视当成背景音，放到某些有趣的情节或戏剧性的场景时，我们的注意力就会从工作上转移。而且，每次这样做以后，我们都需要花费大量时间重新集中注意力。

尽管影视剧是学习和进步的途径，它们依然是最厉害的"时间杀手"之一。电视给我们提供了多种多样的信息，正确地使用，你会受益良多。因此，建议你对看电视的时间做些规定，在其余时间就关上电视或视频窗口。

13. 延迟满足

娱乐是一项极容易诱人分心的活动。通常情况下，娱乐是保持我们生活平衡的重要项目，但当我们想要高效工作、取得目标和成果时，我们必须明白我们需要付出代价，需要延迟自己的满足感。如果这意味着你因为要回复客户而不能收看某些想看的节目，或者因为要准备第二天的工作面试或重要演讲而不能出门，那么在这一天结束时，你需要让你获得的成果抵消你付出的代价。为了创造令人惊叹的成就，你必须明白，有时你需要做出牺牲，才能按时完成工作。

14. 利用家务时间完成多项任务

倒垃圾、打扫卫生、做饭、洗碗、购物……这些都是你必须完成却经常没有时间做的家务。但如果事先规划好，你就可以用更有效、更经济的方法做完这些事，甚至可能会乐在其中。比如，在洗碗或者准备晚餐的时候，你可以听一段有趣的讲座，甚至可以给自己的演讲录音，为正式演讲做准备。在超市里购物的时间可以用来和他人交谈，或者给当天给你打过电话的客户回电。只要你能够把几项任务合并到一起，并保证准确地完成，那么你就可以节约时间，而不需要在做完一件事后再把精力转移到另一件上。最重要的是提前计划好具体怎么做，你需要好好地思考一下。

15. 关注饮食，维护健康

食物是我们的燃料，更准确地说，是为我们提供能量的高品质燃料，使我们的身体能够运转。一旦摄入有害健康的食物，我们可能会生病或是觉得身体不舒服，这会导致我们损失重要的工作时间。

多年来，我一直坚持多喝水的习惯。我全心全意地相信，大量饮水在一定程度上帮我避免了各类疾病、头痛、眩晕和其他有损健康的问题。因此，长久以来，我的身体都在以最佳状况运转。健康的身体使我能够拥有额外的工作时间，让我超越那些没能保持身体健康的竞争对手和同行们。

16. 保持兴趣

我们无法集中注意力的一个主要原因就是对所做的工作缺乏兴趣。为了有效、成功地完成工作，保持个人的兴趣、热情或至少是对工作的喜爱非常重要。

如果你从事的项目对你缺乏吸引力，那么你很难把这件事做好，更不用说坚持完成它了。

如果你可以在几个项目之间选择，那么就选最符合你心意、最吸引你并最让你有兴趣尝试的那个。

如果你对某些议题没有热情，那么就试着用一种更富有创造性的方式寻找你的兴趣所在。

另外，你可以把让你觉得心烦意乱或无法独立完成的那部分工作交给其他人去做，总有人会出于兴趣对你不感兴趣的工作甘之如饴。

17. 消除对成功的恐惧

多年来，在帮助他人获得成功的过程中，令我感到惊讶的一件事是，我发现比起害怕失败，他们更害怕获得成功。起初，我以为我读取数据的方法错了，但在经过多次对这个话题的讨论后，突然间，我发现这个结果其实非常符合逻辑。我还意识到，导致这个结果的原因有很多。

有些人会有意识地阻止自己行动，因为他们害怕即使达到了目标，他们仍然不会觉得快乐或满意。有些人觉得自己不配拥有快乐或成功。有些人认为成功会让他们身上发生变化，而其他人会嫉妒他们。有些人只是单纯地认为在领域里会有许多竞争者做得更好，所以他们永远也达不到其他人的标准。有些人害怕失去自己的隐私。有些人担心成功之路上负担过重，会让他们失去自由或平衡。有些人担心成功会给生活带来压力，损害自己的健康。有些人害怕自己可能会失去朋友、家人或他们熟悉的整个世界，害怕那些未知的事物。

做父母的有时会害怕为了取得成功，自己会付出与子女相处的时间为代价，或让伴侣感到失望。此外，他们还害怕失去做自己的自由，因为对他们的子女而言，他们扮演着榜样的角色。

  我认为成功是改善、提高我生活品质的积极因素，因此我并不会把它当作一个威胁。如果你害怕成功，而且这就是阻挡你发展的原因，那么我建议你重新定义成功对你的含义，试着去判断成功是否已经不再是你渴望的目标。你并不会像你担心的那样迅速失控。如果你一直都能留出时间倾听自己内心的想法，那么你就不会有理由失控。而且，你还需要区分对真实、危险事物的恐惧和想象出的恐惧。你为什么要害怕那些模糊而不确定的事物呢？你的成功是你自己努力的成果，所以按你的构想去创造它吧。

18. 消除对失败的恐惧

对失败的恐惧是人类最大的敌人之一。许多最富有才华的人出于对失败的恐惧，未能充分发挥他们的才干。纵观历史，这样的人并不少。

我坚信失败是一个学习的阶段，因此只要你继续学习和努力，你就可以稳定地降低失败的概率。而且，为了在下一次的尝试中能够进步，你还要学会如何运用从失败中总结的信息和经验。如果你把努力和创造性思维结合到一起，你会发现你可以克服任何阻碍，并可以把阻碍转化为成功。

在我的职业生涯中，我一次又一次地寻找方法，试图把劣势转变成优势。这并不容易。但当你运用创造性思维来思考怎样把眼前的状况转变为你的优势，并去适应新形势时，一旦成功，你将得到巨大的满足感。这意味着你要以不同的方式巧妙、熟练地思考，因此你练习得越多，创造的满意成果就会越多，自信心也就越强。通过这个方法，你可以充分发挥自己掌握的知识，自由自在地行动，总能找到正确的前进方向,并对方法进行完善。

有人说,我们会害怕失败的一个主要原因是,我们害怕自己毫无价值或不够好。比起承担失败的风险,有些人宁愿选择不去尝试。在我看来,那些不愿意尝试的人正是因为不作为才辜负了自己。

积极主动地去克服你对失败的恐惧,试着去掌控你的生活,这样才真正有机会获得成功!

19. 消除自卑和自贬

对自我的看法影响着我们思考的方式、说话的内容和做的事。对那些自卑的人而言，这可能是一项最具毁灭性的"疾病"，阻碍着他们踏上成功之路或是建立一番事业。

我的工作包括帮助许多本土精英开创国际事业和结识最富有才华与学识的合作伙伴。然而就算是这些精英，在我对他们提出在国际竞争中获胜的可能性时，他们最初也会表现得底气不足。对他们而言，在各自领域内成为世界级专家似乎是一个不可能实现的想法。那些在一分钟前还声称自己是领域内专家的他们突然间消失了，这些人纷纷变得自卑，他们对自己说，世界上的这个领域内有那么多专业人士，怎么会有人想听自己说的话呢？为什么会有人放弃其他产品而来买他们的呢？他们没什么名气，没有人听说过他们，他们的产品可能也没什么新鲜的。一旦触发了这种心态，站在我面前的雄狮就会消失不见，转而被一只提心吊胆的小老鼠取代，他们会寻找一切理由和借口来说明为什么这个想法只是徒劳，为什么放弃才是更明智的选择。

想要缩小你的自我评价和别人对你的看法之间的差距，分为两种情况。

假如你确信自己是领域里顶尖的，而你周围的其他人似乎有不同的看法，那么你就要想办法向他们证明你值得他们的赞赏。如果你成功了，那么在他们眼里，你将是一个赢家、一个领导者。其中一个方法是把无可置疑的成就摆在他们面前。另一个方法是营造社会认同：电视采访、杂志特写以及社交媒体上的广泛曝光，等等。当然，还有第三个方法：搬到没有人认识你的地方去。

假如你并不相信自己，但是你周围的其他人认为你很有才华，那么你必须想办法向自己证明你确实如此。一旦你相信自己是一个赢家、一个领导者，你就会开始做符合这种定位的事。创造成就和社会认同可以改变你对自己的评价。一旦你在全世界范围内分享你的知识，人们来向你寻求帮助，并会告诉其他人你的建议是如何帮助他们的，你就会真正相信在别人眼中你是特别的，并因此更能做到自我欣赏。

一种更有效地提高自尊的方法是去帮助儿童或是那些需要最基础知识的群体。比起面对所有人，帮助个体和一些小群体会更容易一些。例如，你的专业是数学，你认为撰写一本高阶教材很困难，那么就从教孩子们数学开始吧。教乘法表比教公式简单，这样做可以帮助你获得"我的知识是有用的"这一认识。通常情况下，其实很多人都有学习基础知识、掌握运用知识的基本方法的需求，如果你帮助他们创建了简单的解决方案，他们会认可你的成绩。

自卑的一个典型产物就是害羞。如果你生性腼腆，那么你需要想办法克服，因为腼腆只会妨碍你提高工作效率。这种性格会使行为变得被动，对你而言，实现梦想会难上加难。

腼腆者不愿主动采取行动，宁可任由生活掌控，也不愿掌控生活。以人际关系为例，对一个腼腆的男性而言，梦想中的女性如果不主动跟他接触，他会觉得自己没什么机会认识她。然而对一个自信的男性来说，接近意中人是很轻松的事。

如果你想掌控自己的生活并取得希望中的成果,那么你需要打破内向性格的束缚,去试着走出第一步,让事情变得简单。你会发现,比起得偿所愿,你还能有更多的收获。

20. 深入细节的社交技巧

社交技巧对提高效率而言十分重要。如果你离群索居，这些技巧毫无意义；但如果为了在生活和事业上获得成功，我们常常需要依靠身边的人。

他们可以帮助我们更迅速地发展，但也可能轻易成为我们进步的阻碍。他们在极大程度上影响着我们的收入。比如，书店可以选择推荐你的书还是其他人的，从而影响你的作品获得成功。银行可以加速处理或拖延你的贷款申请。这样的事不算少。

社交技巧可以帮助你获得想要的东西，并能帮你加快进程。同样，糟糕的社交技巧会拖累你的发展。

假如你要向书店介绍自己和你的书籍，那么你可以运用社交技巧请求店员向顾客推荐你的作品，如果你能说服对方，这将在很大程度上提高你作品的销量。

以礼貌微笑对待银行职员也能使一切变得大不同。银行职员不会喜欢听人大吼大叫，如果你对他们不够礼貌，那么一定会降低他们帮你加快进度的积极性。因此，如果你能以更好的社交技巧影响其他人来帮助你，那么你的发展和进步会比缺乏这项技巧的人更快。

21. 学会适时说"不"

不是所有人都有说"不"的能力。如果你发现自己经常陷入不情愿的境地,如果你总是开车赶去与他人会面而不是等他人上门来找你,那么你可能在浪费自己宝贵的时间。

如果你对某个客户不感兴趣,学会说"不"。比起仅仅因为没有拒绝的勇气而让自己陷入沮丧和不满,拒绝是一个更好的选择。

说"不"的能力跟你的自我评价和自我形象也有关系,它和你所处的环境、工作伙伴甚至是你的整个社交圈都有关系。拒绝那些占优势地位和善于操纵他人的人会更困难,因为他们会利用情感来勒索你,比如让你产生负罪感,觉得嫉妒、气愤,等等。成长和进步的一个重要环节就是学会对那些拖慢你进度的事情说"不"。因此,学会在必要的时候拒绝是有好处的。

22. 借助信念的力量

　　信念对高效管理有着极大的影响力。一个出于信念行动的人和一个毫无信念的人的动力绝对是不同的。信念使我们强大，推动着我们继续前行。

　　为了守护自己的信念，你必须去实践它。如果没有不断的实践、思考以及对信念的强调，你的信念的力量会被削弱。

　　重要的是明白，信念具有强大的力量，处理不当可能会带来很大的危险，它会使我们盲目行动，或者退缩不前。

23. 相信自己会成功

开始建立自己的事业或者开展某种项目时，人们会有一种自己很有可能成功的感觉。这种感觉在开展项目的过程中会呈现四个主要阶段。

第一个阶段：我认为我的事业会成功

每一个方案、事业或者项目都是从这个初级阶段开始的。首先，你必须积极地去思考自己的任务。如果此时你已经认为这个项目没有任何成功的希望，那么你没有理由让它继续发展到下一阶段。

为了确保之后的环节能够成功、可靠地进行，在这个"思考计划阶段"投入足够的时间是至关重要的。

第二个阶段：我相信我的事业会成功

"信念"意味着哪怕没有任何证明，也会持续相信某件事。你需要不断训练、提醒以及说服自己相信自己。在这个阶段，成功并不是绝对的，它取决于人们的信念。假如你正处于这个阶段，那么只要你能坚持下去并坚定信念，成功的希望就会变大。

第三个阶段：我意识到我的事业会成功

"意识到"表示以过去的经验为依据而认同某件事情。这个阶段比信念更高一层次，因为它更加有理有据，你的事业成功的可能性也更大。

第四个阶段：我确信我的事业会成功

"确信"意味着毫无疑问地相信某件事情。这是你能达到的最高境界。你下定决心一定要成功，拒绝接受失败，专注于自己的目标，没有什么能让你分心。在这个阶段，人们会在工作中找到创造性的方法来取得成功。以我为例，我不会和对我的品牌没有把握的人合作。每次我答应和那些对成功没有100%的信心，而只是想尝试一下的客户合作新项目时，还没开始，我就预感到这个项目会以失败告终。

当一个人犹豫不决时，他/她的精力会分散，他/她并没有把自己真正的热情、信念和决心投入事业，合作伙伴立刻就能感受到。我喜欢与那些信任我的人合作，这些项目无一例外，都获得了巨大的成功。

我明白，找到一个有决心的人很难，但是比起随便找对象合作并在他们的失败上浪费时间，有时候不如筛选所有的可能对象，选出会成功的少数人。这个道理也适用于招聘。比起雇用那些对工作不够有信心的员工，选择对这项事业更有激情和信念的人更好，这样你便无须在他们身上浪费时间、资源以及精力。

有些雇主总想尽快地招齐员工，一旦员工入职工作，他们就不希望有人辞职，哪怕员工的工作效率低下，不能为项目的成功做出有效的贡献。正是因为这样，我们浪费着宝贵的时间、资源和精力，事业也无法得到成功发展。

当我决定开始一个新项目时，我需要确定自己会奉献全部的精力，尽自己所有的力量来保证它成功。如果你想要获得成功的人生，那么你需要付出100%的努力，这是取得成功、夺得首位的唯一方法。

24. 避免思维定式

思维定式是关于现实的基本假设。它让我们假定事物按某种模式运转，并根据过去的经验和我们设想中万物遵循的一系列相应规律来诠释现实状况。

那些阻碍我们进步的思维定式和认知会让我们变得盲目和效率低下。因此，分辨出此类思维定式是很重要的。我们对现实的认知是由思维模式、个人解读和影响着我们对世界看法的信仰构成的，我们根据这种认知行动和工作。

思维定式帮助我们描绘出世界的样子，让我们感觉在某种程度上自己可以操控或者至少可以理解现实状况。但另一方面，它们会阻碍我们尝试新鲜事物，我们过去那些消极经历形成的认知便会如此。

你如果仔细思索一下，会发现事实上思维定式帮助我们每一个人诠释了我们的现实状况，让我们有掌控生活的感觉，就像接下来这个例子阐述的那样。

有个人正在办公室工作，他的窗户是开着的。第二天，他感冒了。他把感冒和开着的窗户联系起来，从那一刻起，他确信如果他再打开窗户,他肯定还会感冒。

事实上,他的感冒可能是由公交车上坐他后面的那个人传染给他的,但他没有注意到这点,而是把感冒和开着的窗户联系到一起,认为自己此时理解并掌握了现实状况。这种想法就反映了他的思维定式。

在日常生活中,我们时常听到周围人的不同看法,有时这些看法"极具感染力",连我们自己也认为如此。

例如,以下就是几种会让我们在生活中变得低效并难以进步的思维定式。

- 没有人在假期工作
- 经济形势不好,不会有人想消费
- 所有东西都很贵
- 我不能这么做
- 市场竞争激烈,应该降价
- 没有人会花这个价钱来买这样的东西

我们的思维定式的最大问题是,它会限制我们的思想,以使我们创造的现实符合我们的设想。如果我们的思考方式积极而富有创造性，并能够跳出思维定式，那么我们的现实状况也会随之改变，我们也会取得更好的新成果。

25. 懂得自学

在培养如行为、效能、思想以及事业心等方面的价值观时，教育是最重要的。积极主动的家长会培养孩子有效的思考能力和创造性思维，并以身作则，示范个人发展和成功方面的案例。

而另一方面，那些来自消极被动家庭的孩子可能很难得到帮助。理财就是一种无法在课堂上掌握，通常也无法从父母处获得的能力。缺乏基本的理财知识，孩子在成年后会遇到许多麻烦。假如你在小时候没有得到你希望接受的教育，那么你可以试着在书籍、文章、电影以及成功人士的传记里探寻，甚至可以通过咨询获得，自学将有助你朝自己期望的方向发展。

26. 抛弃非理性观念

这里说的"非理性观念"指的并不是宗教迷信,而是一切毫无根据、不符合逻辑并没有事实证明为基础的观念。它和人们接受的教育与习惯的思维定式有很大关系。它代表了人们认识现实的方式。

如果这种观念减慢了你前进的速度,让你变得自卑,对你而言不够实际,或者对你没有任何助益,那么我的建议是尽快抛弃它。一个办法是咨询他人,听一听他们的想法。最好去问问不同圈子的人,这样你便可以获得更广阔的视野。

我一直努力倾听他人的建议,一旦有人提出令我信服的强有力的论据,我很乐意改变自己的看法。

27. 排列工作优先级

我们把重要任务定义为"在推进工作项目时需要采取的重要行动",而紧急任务指的则是那些需要我们立刻关注的工作任务。

我们最好把每个项目中的工作任务都分成四种类型,这样做能让你更有效率地工作,将任务按照其重要性进行规划,从而节省宝贵的时间。

你的工作任务需要按照以下标准和顺序进行划分。

- 紧急且重要
- 重要但不紧急
- 紧急但不重要
- 既不紧急也不重要

为了能将所有等待处理的任务按照紧急性和重要性排好顺序,你需要问自己以下几个问题,来判断一项任务紧急或重要与否。

- 执行这项任务会给我带来什么回报？将这项任务与其他任务的回报的价值相比较。
- 我需要花多少时间来执行这项任务？花这些时间是否值得？
- 执行这项任务会不会让我无法专注于手头上的工作？
- 这项任务能不能推迟？
- 能否有人代替我完成这项任务？如果有，会带来哪些影响？

请记住，你对情况的判断可能发生改变，因此紧急任务也可能变为非紧急任务。

重要的是，你采取的每一步行动都要有明确的指向，你要确定这一步行动是否让你更靠近自己设定的目标。

28. 抛弃完美主义

很多有创业意向的人会找我咨询，告诉我他们目前还不完美，还需要再多做一些准备。当我问他们做了多久时，我不止一次为他们的回答所惊讶。

大多数人的答案是一年、两年、三年。"那么你还需要多久才能完成这项工作，多久才能出版这本书 / 推出这种产品？"对于这个问题，他们没有答案。

少数几个人会说"等我准备好了"。

而我则会采取不同的方法。在不脱离实际情况的前提下，我会想办法制造一个现在就可以帮助人们的产品，尽管它不是那么完美，我也不想浪费一年的时间而耽误人们使用它。

这并不意味着你应该草率地推出产品，而是说，对细节的改善可以在推出后进行。毫无疑问，成品需要为客户提供最好的品质和最大的价值，但让人们在需要的时候获得它也同样重要，而很多人并不知道该怎么做到这一点。

针对这种情况，一种有效的方法就是用我之前提到的"二八定律"来看待问题，判断推迟产品上市的原因是否重要乃至必要，或者你能否在推出产品后慢慢完善它。

我必须说明一点：我从未推出过任何一件在我看来没有给顾客提供足够价值或者因为过程不完善而可能损害顾客利益的产品——包括安全问题、规格标准以及各类许可等方面。

关于这个问题，还有几点需要考虑。

在大多数情况下，你都可以在生产出一种产品后再对其进行完善。

通常，那些你认为很重要的细小差别并不会被客户注意到。你之所以如此在意，是因为你太过关注这个产品，无法客观地看待事实。在很多情况下，当你推出了产品、有了更多时间，你便可以继续为客户提供产品的升级版本了。

绝大多数完美主义者是无法完成任务的，他们的产品很容易胎死腹中。如果产品的目的就是服务和帮助大众，那么就不要阻止大众尽快使用它，不要阻止他们欣赏你的才华。你可以改变他们的生活。

在某些时候，由于在产品上投入了太多，你可能会发现产品反而不能盈利，不能像你预想中那样为你服务。

结论就是，"从一开始就完美无缺的产品"根本不存在。

29. 问对人

人们在想要获得进步时会犯的一大错误就是向错误的人索取建议。通常，这些人还是跟他们很亲近的人，因此影响力极大。由于相关经验不足，这些人未必能给出好的建议。比如，如果你想得到关于买房的建议，那么你做的第一件事可能是咨询家庭成员或是与你亲近的人。假如你咨询的对象没有买过房，那么他/她自然无法给你提供有用的建议。为了得到好的建议，你应该去咨询那些从事过你的目标事业的人，最好是成功人士（当然，吸取失败的经验也是非常有用的）。

值得注意的一个普遍问题就是，你的咨询对象就算可能没有相关经验并对你的问题一无所知，也会给出所谓的"建议"。如果他们与你关系亲近，你可能会认为他们的意见很重要，而这可能会带你脱离正确的轨道。你需要认真地思索，明智地考虑如何对待这些观点和建议。

30. 积极承担责任

很多人不愿为自己的举动承担责任，总是试图把失败归咎于他人。如果你经常说"现在市场太不景气了""到月底了，销量差也是正常的"之类的话，那么，是时候为你自己的事业负起责任了。如果你总因为自己的举动去谴责他人，那么你离极度效率的目标会越来越远。

不去承担责任意味着放弃掌控，相应地，你也会失去成功的机会。以下几个例子可以帮助你在大多数人失败的地方准确地认清并把握住机会。

如果现有市场不景气，那么就去寻找那些景气的区域或板块，学会根据需求转变方向，提高自身的灵活性和适应性。

如果你的产品或服务面临激烈的竞争，那么就研究如何制造独特的新产品。多在创新上投入，你就有机会在竞争中脱颖而出。

如果你所在的国家经济衰退，那么可以试着开拓其他市场，关注经济发展更好的国家或地区。

无论决定做什么,你都要努力掌控自己的生活,将外部因素对你的影响最小化。

你需要积极努力地为自己理想的生活方式创造条件,也就是说,你要采取主动。对生活和工作的掌控就是问题的实质。如果你被借口和恐惧所支配,那么你永远也无法掌控它们,甚至当机会出现在你面前时,你也无法意识到。

31. 提高工作速度

速度是一项你能基于经验掌握并且需要掌握的重要技巧。在许多领域中,速度是一个重要的评判标准,比如一天完成了多少工作,或者一年来事业有了怎样的进展。为了提升工作速度,你需要对每个工作环节进行训练。你获得的经验越多,速度越快。

以下几点有助于你提高工作速度。

● 选择具有连续性的项目,这样一旦你掌握了需要的技能,你就可以反复应用,从而做得更出色并提高工作速度。

● 选择你喜欢的领域,你便可以一直投入其中,取得长远的进步。如果你不停地从一个领域转换到另一个领域,并且每次都需要掌握一套新技能,那么你的工作速度将无法得到充分提高,你将失去竞争优势。

● 选择不需要广泛扩展的简单项目。实施起来越简单,提升工作速度就越容易。比起完成主题明确的 50 页章节,写一本主题复杂的 200 页的书要慢得多。

● 寻找那些你擅长的领域。如果你能将现有经验用于某个特定领域，并将它用在之后的项目上，那么你便可以更轻松地提高自己的速度，并在短时间内取得引人瞩目的成果。

在画过 50 万枚鹅卵石后，如今我在石头上绘制一幅完整画作的时间不会超过 12 秒。高速是极度效率的一个关键因素。

速度不能单独衡量。你如果想获得高效率，必须把速度和其他因素相结合，比如精确度以及根据重要性排列优先度的能力。

在我看来，适应能力，也就是一个人适应环境变化的能力，是生活中最重要的技能之一。你越快适应那些在生活、事业或者工作中发生的变化，就能越有效地掌控你自己，从而更快地实现自己的目标。

32. 对漏洞敏感

这项技能需要后天学习，你越快掌握这项技能，就能越快知道如何超越你的竞争对手并占据领先位置。

掌握纵观全局、迅速发现漏洞的能力能帮助你有准备地投入战斗，并能帮助你装备合适的工具，超越你的竞争对手。缺乏这项能力会使你更难获得理想中的结果。学习这项技能的最好方法是对目标问题进行全方位的研究。

33. 确定强项

迅速识别出有能力的人并帮助他们发挥强项是一项很多人并不具备的才能,而一旦掌握了这项才能,你就可以打造一支高质量队伍,在工作中获得极度效率。

为了发现机遇,你需要学会发现不同个体的强项、不同事业的优点以及不同情况的有利之处,这是一项需要学习的技能。随着你这项技能的提高,你会变得更敏锐,更懂得如何让资源为你服务以及如何利用它们使客户和周围的人受益。

有几种工具可以帮助你了解如何在日常生活中运用这项技能。

当你考虑与个人或组织建立合作时,你需要想清楚你能为这项合作或者你的合作伙伴提供的强项、优势以及附加值。

找到你的提议中独特的地方,明确它与其他提议相比有怎样的不同。

确定好建立此项合作的理由。一旦你确信这些理由确凿、充分，并确信自己可以从这项合作中获益，那么就不要有任何犹豫，下决心去做吧。如果你在招聘或应聘，你要明确自己究竟可以提供什么，在哪些地方与其他人不同，突出自己的相关优势和强项，使自己在同类中脱颖而出，获得成功。

如果你参加了一场多人会议，你需要分析全局，明确每个人负责什么以及他们的动力都是什么。这样做会提高成功的可能，实现你设定的目标。

当我想招募人才来推进我的项目或者品牌，或是想向一个潜在的客户推销我的服务时，我都会试着从以下几个角度来看待事情。

- 首先，要确定自己真正想要的是什么，并确保自己选择的做法能推进实际的目标。
- 其次，从对方的角度来审视事情，明确是什么引领着他/她、他/她需要的是什么以及我怎么做才会对他/她有价值。
- 一旦我了解了整体情况，我就会给出一个令人难以回绝的提议。因此,我实际上掌控了局面,增加了自己成功的机会。

如果你能认清自己与他人的强项,你就有机会获得你想要的东西,并在任何情况下都能有效地向自己设定的目标前进。

34. 磨炼毅力

想要开展一番事业的人们常常希望尽快享受成功的果实。根据我的经验来看,毅力是成功所需最重要的品质之一。未能按时实现预期中的成果时,很多人就会失去耐心。他们会很快放弃,转而开始做下一件事。而这就是他们一次又一次失败的原因。

如果你很容易气馁,等不到享受回报的那一刻就放弃,那么你也很有可能正徘徊在不同的项目中,寻找快速致富和成功的方法。

轻松致富的愿望本身是没有错的,如果你找到了这样的商业模式并分享给我,我会非常开心。但根据我们了解的成功事例和掌握的经验来看,我们可以告诉你,我认识的所有成功人士都是依靠努力工作才获得了如今的成果。

我们的讨论对象不是那些出生在富贵家庭、起点就比别人高的人。我们讨论的是那些白手起家者。正是他们的毅力和想要不断学习进步的决心、为了实现设定的目标而愿意付出的努力,才使他们有别于那些失败者,获得了成功。

成功和失败的边界其实很窄,而人们常常在成功近在眼前时放弃,这一点甚至连他们自己都没有意识到。很多时候,只要他们在决定放弃之前继续付出那么一点努力,他们就会发现宝藏只距自己几步之遥。

35．不要草率行动

当你未经思考就做出行动，没有弄清行动的含义或是可能带来的结果就冲动行事，那么你就是在拿自己的事业冒险。

像其他很多人一样，我们有时也会鲁莽行事并为之付出代价，因此我现在充分地认识到，提前做好计划是多么明智，如今我在进行过周密思考前不会采取任何行动。

我记得曾经有无数次，我迫不及待想要开始一个新项目、新合作或者新事业，甚至连协议都没拟好就开始工作，然而却没能达到自己的预期，准确地界定任务和责任，创造出一套合理的工作方法。每次这样行事后，我都必须再从头开始。有时候，我找到了改正和完善的方法，因而可以将损失的时间降到最少。而在某些更糟糕的情况下，我不得不推翻一切，重新开始。保持热忱和激情是很好的，然而只有在开始工作前好好思考并做出计划，才会避免可能出现的尴尬局面和灾难。

36. 应对挫折

曾经在某个领域或者学科失败过的人很可能对这个领域或者学科产生挫败感，还会伴有焦虑。他/她如果有机会在曾经失败的地方再次进行尝试，肯定会更加谨慎，努力避免出现相同的错误。

尽管避免再一次失望是我们的天性，通常情况下你还是应该再试一次，因为在不同的环境和条件下，你面临的情况或挑战也会不同。一次没有成功并不代表你第二次甚至第十次尝试时还会失败。有时候，失望会阻碍我们成长和发展，因为比起我们想要成长进步的渴望，它更会勾起我们保护自己的本能。

我曾经尝试原始的钻木取火方法，试了几十次才获得成功。每次我的做法大体上都是一样的，但是我研究了木头的摆放、摩擦的速度、握木头的方式以及使用的木头类型，通过改变这些细节，在经历多次失败后取得了成功。在第一次成功后，这项工作就变得容易多了。尽管我不能保证每次都成功，但我能看到自己显著的进步，并领悟到坚持的力量，认识到学习过程的重要性。

37. 应对沮丧

沮丧是我们失去斗志的一种精神状态。为了克服它，我们必须学会忽视它，站起来继续行动。我们必须燃起斗志，并做好"有得便会有失"的心理准备。

有时候，我们对生活中某个方面感到沮丧，反而可以激发我们在其他方面的积极性，从而平息此前的伤痛。

我应对沮丧的方法是想办法让自己做到最好，至少在自己可以掌控的方面。也就是说，尽我所能地去摆脱它，并在短时间内把它转化成某种积极的情绪。

感到沮丧的时候，我会努力吃最健康的食品，努力打理自己的生活，好好睡上一觉（7~8 小时），喝大量的水，用积极的事情为自己打气，做运动，听音乐，找时间陪陪家人和朋友，看喜剧，找一些有挑战的事情来做，处理一件让我感到害怕的事情，出去散步并呼吸一些新鲜空气来获得灵感，以及享受和宠物在一起的时光——比如总能让我大笑的爱犬。

我想表达的是，在情绪低落时，我会努力做与自己的本能和冲动相反的事。你甚至可以找个地方，试着放声大笑。笑可以让大脑释放内啡肽，让我们处于良好的情绪当中。即使是假笑也是有用的，大脑无法分辨出你是在假笑还是在由衷地笑。

能量守恒定律告诉我们，能量既不会被凭空出现，也不会消失，它会从一种形式转变成另一种形式。既然你无法抑制它，那么我建议你引导自己这种沮丧的情绪，把它转变为某种积极、富有建设性并对自己有益的情绪。

当然，如果你的消极状态是属于病理性的，你需要寻求医生的专业帮助。

38. 保持专业水准

保持专业水准应该成为一种生活方式。与此相对的是沉迷于享乐而逃避履行职责，导致专业水准降低的行为，这是不可取的。

自然，有时候比起起床和继续写作，睡觉、看电视或者休息更有吸引力。但是长远看来，你的工作成果也许会为你服务很多年，而不像你看的电视节目，你可能早就忘了它的内容。

假如你想要在生活中获得进步和成长，那么懒惰和退步肯定不该是你生活中的一部分。

39. 不放过获得知识和经验的机会

有时候，知识匮乏的表现是不够专业，这是导致人们未能达到预期目标的决定性因素。如果你想成为你所在行业的专家，但觉得自己对该行业还不够精通，那么也不用过于心急。你要记住，为达成目标，你要做的是反复熟悉内容、进行研究以及磨炼毅力。

每次试着做一些新鲜事情时，你在开始时都需要花费较长的时间。加快新项目进程的唯一方法就是去获取更多的经验。这样你很快就会发现，你进行下一个项目的速度会加快，产量也会提高。

所以，我建议你从事有后续工作的项目，你可以在那些必要的工作中获得充足的经验，并在完成一个又一个项目的过程中反复熟悉每一步流程，这样你就能提升成绩并缩短工作的时间。

在工作之初缺乏经验时，一个避免失败的有效方法是先在小范围内进行试验，以此来缩小失误的波及范围，降低失误本身的风险。你要注意避免那些常见的错误，也不要试图走捷径，这会让你得不到锻炼，导致失败和额外的风险。你需要承担起责任，一步一步地踏实去做。

40. 精准努力

精确度是你应该拥有的最重要的品质之一。如果做事缺乏精确度，我们会浪费更多的精力，在过程中失去重点，损失时间和效率。

比如说，如果你正在参加一个比赛，任务是在最短的时间内制造一辆汽车，那么显然你需要制造四个轮子，并不需要增加第五个。制造第五个轮子会拉长你的工作时间，还可能会造成损失。所以，接触任何一个项目时，你都需要预先做好计划，将你需要投入的时间精力降到最低，以此来得到符合项目要求的最佳成果。就像制造汽车一样，你需要在每一个项目中都做到更加准确。

我对自己从事的任何项目都有这样的要求。在开始工作前，我会检查我的"汽车"需要几个"轮子"，如果它只需要四个轮子，那么我绝不会投入精力、时间和资源去制造第五个。

为了提高工作的精确度，你必须了解销售的基本运作方式和产品的卖点。人们会购买对自己而言有价值的产品。

当一个产品缺乏价值的时候,人们是不会付钱买它的。产品对他们而言价值越高,他们就越愿意购买。这就是为什么当我们准备制造一件产品时,了解它能为顾客提供怎样的价值是很重要的。

如果我们制造了一件用途很小的产品,却仍旧以很高的价格出售,那么没有人会愿意购买。而如果我们以低廉的价格销售一件用处很大的产品,那么它一定会很抢手。

精确度意味着产品提供的价值与顾客需要为此支付的价格是相匹配的。就个人而言,我总是喜欢向顾客提供物超所值的产品或服务。

41. 关心周围的人

对旁人漠不关心或不在意客户体验的创业者会觉得，在工作中提高效率并获得成功是一件很难的事。如果你不关心你周围的人与事，你也就没有了成长的动力，这会让你发展的步伐从减缓到完全停滞下来。

为了避免对环境麻木，你必须找到自己的理由——激励你、让你有所行动的理由。如果你可以找到理由说服自己去行动和创造，那么你的发展和进步会变得更轻松。

我们根据经验意识到，在从事枯燥或不感兴趣的事情时，我们很难感到投入。因此，我建议你找到自己感兴趣的领域和主题。

对工作的热情是帮你摆脱冷漠和疲惫的一个重要因素，而只有当你从事自己感兴趣的领域时，你才可以找到这份热情。

42. 找到工作重心

在管理一个项目或一项业务时,我们可能会面对众多的可能性,分不清哪些工作才是最重要且最有效的,所以很多人会对自己的事业前进方向感到迷茫。

你是否需要创建一个网站?是否应该管理一个博客?是否应该在所有社交平台上都建立一个官方账号?看起来有那么多工作要做,但你并没有那么多时间。

如果你对自己的事业感到困惑,不知道自己需要哪些工具,在这种时刻,你需要去咨询一位熟悉你的领域的成功人士。咨询也需要技巧,掌握技巧将帮你节约大量时间和金钱。

找到工作的重心是一个关键,这将帮助你更迅速、有效地前进。

缺乏重心是效率最大的死敌之一。想象一下你正在开车从 A 市去往 B 市,但中途却忘了自己的目的地。现在,你正漫无目的地行驶。在这种情况下,到达目的地对你来说不再具有意义,而且在短时间内,你到达那里的可能性几乎为零。

在这种情况下，解决问题最有效的方法之一就是找到你的"理由"，告诉自己你为什么要这么做。比如，你想起自己为什么要开车去 B 市了（与你的父母共进午餐）。找到动力后，你就能更轻松地准时到达，既不会延误，也不会损失效率。

那些注意力分散的人可能会从一个项目转向另一个项目，试图完成周围的一切工作，服务周围的所有顾客，以此来获得发展。然而他们不断在不同领域、不同学科之间换来换去的行径实际上浪费了他们的大量精力。

当你一次只专注于一个细分领域时，你在这一领域内的能力会更强，你也会相应地获得更好的成果和发展。

43. 积极接受新事物

学习新事物的能力对发展进步而言是非常重要的,如果缺乏学习能力,当他人都举步向前的时候,我们可能会逆水行舟,不进则退。

不要对领域里的新事物产生抗拒心理或被学习的难度吓退,如果你有这种倾向,我强烈建议你克服它,安排定期学习的时间。如果你不需要其他专业人士的帮助就能找到开展主要任务所需的正确信息,那么我们十分推荐你发挥自己的这项长处。

在计算机相关项目中,通常只要掌握几样技术就可以开始工作了,而不需要精通全部领域。如果你愿意接受这种学习方法,那么你就能节约自己的时间和金钱,更准确地取得自己想要的成果。

我帮助过很多童书作家创业并取得成功,我把我的特殊绘画技巧"轻松画"教给了其中的一些人。掌握了这项技能后,他们无须寻找专业的插图画家,而可以自己为自己的作品配图,节省了不少成本。这些作家原本并不相信自己可以画画，而现在他们非常喜欢这个将自己的创意具象化的过程，并赋予了其更多价值。他们不光创造了笔下的这些角色，还能把他们的样貌呈现在书中。

学习的方法也有很多，有的人通过看视频学习，有的人则认为依靠听觉更容易一些。有的人可以很轻松地自学，而有的人更喜欢和其他人一起在教室里学习，或者接受家庭教师、私人教练、商业顾问或职业培训导师的单独授课。找到对你来说学习以及获取信息的最轻松的方法，可以让你的努力事半功倍。

下面列举了一些可能会对你有帮助的不同的学习途径，你可以通过这些途径研究你感兴趣的和有益于你发展的学科，掌握更多的知识和技能。

- 正规教育
- 培训课程
- 个人辅导
- 视觉信息产品，如电影
- 信息产品，如音频 CD

- 纸质书或电子书

重要的并不是你选择怎样的学习方法和怎样的成长方式,而是在这样一个充满竞争、不停发展的世界里保持并不断提升专业水准。

为了使你的学习效率最大化,我建议你尽可能多地提问,探寻事物的本质。这是在你所在领域内获得成功的重要方法。

44. 培养持久性和忍耐力

忍耐力是个听起来非常夸张的字眼。没有人开展一项事业就是为了努力工作和忍受辛苦,但如果缺乏这种素质,你是不可能在生活或事业上取得成功的。

生活中有无数挑战和障碍,就像在进化过程中,只有最强的个体才能存活。你必须随着周围发生的变化不断改变和发展。

为了成功,你必须忍受过程中的艰难险阻,必要时坚守自己的立场,坚持表达自己的观点。你越快做到这些,竞争力就会越强。

45. 拆解任务，应对压力

繁重的工作及其产生的压力会对我们的行为表现造成阻碍。应对工作重压的一个方法是将所有工作按照其相对的重要性和紧急性进行排序，随后对其进行拆解。这种方法让你不需要立刻处理手头的所有事，对工作优先级的划分也会让你产生一种掌握全局的感觉。

写书就是一个很好的例子，因为乍看上去，这似乎是一个要花费好几年时间的复杂工作。与处理其他所有重要或复杂的工作一样，采用排列优先级的方法可以将庞大的项目拆分成更小、更易于管理的任务，从而简化整个过程，带给你成功处理和有所进展的良好感觉。

比如，与其把写 150 页的书看作一个遥远而重大的任务，不如把它当作一个总共 150 页的项目。如果我想在一个月内写完，每天需要写 5 页。如果我想在 3 个月内写完，需要一个月写 50 页，也就是说每天只要写一页多。现在这项任务看上去就简单多了，也更容易完成。更重要的是，当我们开始写作，我们在项目的每一个环节都可以及时察觉哪里偏离了计划,这样我们就可以随时进行处理,不会耽误进度。

很多人把"有效率"定义为"面对多重任务或感到负担和压力时,用尽可能最好的方法执行给定任务的能力"。如果你能在压力下正常工作,那么你就能更轻松地超越你的竞争对手。

为了取得最好的成果并且尽可能地发挥能力,我们需要为自己设定截止日期并按时完成。

46. 设定截止日期

很多人喜欢有截止日期的工作,这能给他们带来动力。如果你也觉得设定期限有助于你更好地工作,那么你可以在工作中试试用这种方法提高自己的效能水平。

这个办法需要我们走出自己的舒适区。只要我们认清自己的能力并更准确地掌握能激发我们潜能的方法,我们就有机会取得更令人向往的成果。

47. 提高竞争意识

工作场合中的竞争和比赛可以让我们发挥出最好的水平，提高积极性，并让我们产生一种归属感。良好的团队合作通常会产生比单打独斗更好的结果。

你可以试着在工作中加入比赛和竞争的元素，竞争可以与客户数量有关，也可以与工作量和工作速度有关。只要能让你充分发挥自己最好的水平，那么比赛规则就是因人而异的了。

48. 进行创造性思考

能够帮助你避免浪费时间并提高实际效率的另一个重要因素是创造力。一成不变的思考方式是阻碍效率提高的绊脚石之一。心理上容易产生依赖感的人惧怕改变,因为他们感到无法应对变化。

训练自己进行创造性思考,能让你轻松地适应新的环境以及世界的不断发展,从而提高自己灵活思考的能力。

强有力的创造性思维会为你赢得竞争优势,让你能够脱颖而出。

49. 多线任务处理

同时处理多项任务的能力是高效率工作的秘诀之一。你能同时处理的任务越多，工作进展就越快。

在我们与他人进行对接的过程中，每一个工作项目都会有那么一段停滞不前的时候。

- 等待上司签字
- 等待银行批准
- 等待一份传真以便继续下一阶段的工作
- 把稿子交给出版商后等待回复
- 等待电脑被修好

如果你的项目到了停滞不前的节点，那么目前这项工作不在你的控制范围内。你同时运转多个项目的经验越多，就越能懂得如何利用那些不该被浪费在等待上的时间，开展自己的下一项任务。

很多人会同时开展好几个项目，但由于其中一个项目卡在某个脱离他们掌控的阶段，他们经常无法正常推进。而很多人甚至都不去试着做些别的工作来提高自己的生产效率，而仅仅等着卡住的项目被放行后再继续工作。

高效工作和提高效率的秘诀就是不去等待任何事情或任何人，始终保持行动。这样一来，你才能更好地掌控自己发展的节奏。运用创造性思维，想想你可以利用这段时间开发什么其他产品、如何提升自己现有的产品，然后你就会发现，在这段时间你也有很多事情可以做。

50. 预防小病

健康显然是我们的生活中最重要的因素，如果没有健康的身体，我们将无法高效地工作，在有些情况下甚至根本无法正常工作。影响工作的疾病不一定多严重，我们的身体状况会从最细微的方面影响我们的效率，比如视力不佳、过敏或是鼻炎。这些小问题每一个都能击垮我们，将我们的日常生活变成地狱。

为了避免病假耽误工作，你需要努力在你的能力范围之内保持健康，将病假降低到最少，尽可能保证工作时间。你能做的事有很多，比如穿合适的服装、根据天气开窗或关窗、均衡饮食以及调节房间里的温度和湿度。

尽管这只是一些普通、琐碎的事情，但并不是所有人都能做到。我去年由于生病而暂停工作的情况只有一两次，因为我很了解自己的身体，知道自己什么时候可能会生病，便能提前做好预防。

通常，在生病的前一天，我的身体会向我发出警告，并且如果我注意到了这一点，我会开始大量喝水。而且，在识别出这些早期征兆后，我会早点上床睡觉，用睡眠来增强抵抗力。在绝大多数情况下，我成功地预防了感冒等小病。

每一个人身体机能的运转方式都不同。你要学会了解自己的身体，倾听身体的需求。如果你不吝惜对健康的投资，那么从中产生的一切收益都是属于你的。

保持健康的另一个方法是健身，而且不需要做得很专业。我们的身体就像一台机器在运转，为了让它能够正常工作，我们需要定期使用它，哪怕只是短暂的活动，比如在电脑前坐了很长时间后起来走走，在长时间驾驶后舒展一下身体，等等。

51. 和态度积极的成功者相处

几年前,我听说了一种观点,从那时起,它便成了我的座右铭之一。这个观点帮助我获得了极度效率,让我不断学习和进步。它就是"如果你想和老鹰一起飞翔,就不要浪费时间和火鸡玩耍"。这句话让我的立场变得更加明确,从那一刻起,我开始认真按这个观点行事。我开始吸引更多成功的人,并远离那些我无法从他们身上学到东西的人。

和态度积极的成功人士在一起,让我学会了如何发挥自己的长处,变得更加卓越。如果你与这些人相处,你会发现他们的思维方式与大多数人不同。他们的理想不停留在口头,而是会变为行动;他们富有创造性思维;他们会去鼓励而不是打击他人,会帮助他人成长,并总是乐于互相学习。如果你想要获得成长和进步,那么他们应该成为你人际交往的重心。

积极的环境是助你成功的一个强有力的因素,为了搭建这样一个环境,你必须远离那些消极的人。我根据这个原则经常做的一件事就是审视手机以及电脑里的联系人名单、每次谈话的主旨和每一个我在日常生活中接触并共事的人。多年来，我熟练地掌握了识人的技能，因此我能轻松辨别出那些总是持怀疑主义的消极者，以及那些不懂得赞扬、鼓励、支持或者聆听的人。我会将他们移出联系人列表和我的朋友圈。这些消极者在我们的生活中随处可见，但是如果你掌握了评估方法，能迅速辨别出这些人，你的"朋友过滤"过程会变得更积极有效，你也能将你想结识的富有创造性思维和积极心态的人吸引到自己的生活中。

52. 排除消极态度

以消极的态度面对生活，会对你的生活造成破坏。大部分抱有消极态度的人会用消极的态度影响他人，制造出消极的氛围。我们会远离那些消极的人，不愿在他们身上浪费宝贵的时间。

如果你是一个天生的消极者，那么你更要试着寻找生活中积极的方面，并向别人咨询自己该怎么做。消极的态度不会帮助你进步。

如果你周围有消极的人，那么重新考虑一下这段关系是否真的对你很重要。如果他/她让你觉得压抑、阻碍你进步或者让你变得空洞无趣，那么我建议你换一个能让你充满力量的环境。

53. 摆正心态，拒绝成瘾

成瘾对你的健康有很大危害，并且会妨碍你提高效率。

就我个人而言，我不抽烟，不赌博，几乎不饮酒，我能想到我唯一算得上沉迷的对象就是旅行。

很多人对不同的事物上瘾，他们觉得这样便可以逃避令自己不满的现状。当你体会到一种使命感并去做自己喜欢的积极事业时，这种逃避的渴望就会减少。帮你摆脱各种不良依赖、正确成长的办法就是，你要不断地思考自己想成为怎样的人。

54. 持续进步

我如此热爱自己的生活和事业的一个原因就是，在我看来，我在不断地进步和发展。我每天都学到了新东西，而且事业的发展也让我可以一直从事自己喜欢的事情。

我并不是总能轻易取得进步。我曾有过需要大量创意却一点儿思路都没有的时候，但当我终于找到下一步落脚点时，我觉得自己仿佛获得了重生，这种感觉无可替代。

想在从事的领域里做到最好，你的专业水平必须连续不断地取得进步。

55. 平衡各方面生活

工作只是人生的一个方面,它需要与你的个人生活、家庭、健康和社交达成平衡。你需要关注上述每一个方面,才可以在工作中保持高效率。平衡生活中方方面面并使其协调地发挥作用的能力可算是极度效率的终极目标了。

显然,我们必须知道什么时候应该休息,懂得劳逸结合,才能始终高效地工作。这就是我们每晚需要睡至少7个小时,而且有时候需要去度假的原因。

这本书绝不想把你变成一个机器人,而是想要告诉你如何在保持健康、均衡生活的同时创造最出色的个人成就。以下总结了几条你需要养成的习惯,它们能让效能成为你生活中不可或缺的一部分。

● 写日志,日常记录自己的定期活动。通过这个方法,你可以观察和了解自己利用时间的方式。

● 列出你近期想要完成的任务,例如写一本书、准备一项考试、创业等。

- 选择一种方法,利用空闲时间来完成这些任务。比如,如果你每周会花 8 个小时在通勤上,那么你可以带着笔纸,开始写自己想写的书。你可以在第一天确定主题,之后按部就班地列出大纲,写索引和章节名称。另外,你还可以上网做一些调查,看看其他书是如何撰写的,也许可以从中得到一些灵感和想法,运用到自己的书中。如果嘈杂的环境妨碍了你的创作,就寻找其他空闲时间来完成这项任务。

56. 精简系统冗余

很多人不知道如何管理企业才能将利润最大化，只能雇用专业管理人员代为管理，这种成本的浪费很可能成为创业失败的一个原因。如果你不懂如何有效地管理自己的日常行为和工作任务，那么这一切同样也会发生在你身上。

一个可能拖慢工作进度的因素就是人员的冗余。人员越多，出现问题和错误的可能性就越大。因此，我一直在想办法搭建一个只包含必要人员的系统。如果一项业务包含的人员较少，那么它通常也会更高效。此外，实现你目标的一个好方法就是建立以你自身能力为基础的一站式服务体系。如果你自己能够从头到尾履行全部职能，那么你更有可能获得成功。

很多人浪费了宝贵的时间等待别人为他们做事，而这仅仅是因为他们不知道自己还能做些什么，并害怕学习新的东西，也可能是因为他们认为，找一个"专业人士"来做事更保险。你如果知道自己能做什么，不害怕提出问题并以积极求知的态度行动，那么你会节省宝贵的时间。

担心自己犯错误是非常值得理解的,但是在很多情况下,这种担心会让我们变得低效、被动和无助。这些服务提供商常常会用夸张的表达和模糊的概念来描述他们的技能和提供的服务,而一个该领域外的非专业人士会觉得这些听起来令人生畏。但很多"专业人士"正是通过这个方法来怂恿我们购买他们的服务的(而不是试图让我们自己完成),所以他们可能含糊其词,对自己的工作内容三缄其口,从而让合作者可以一直依靠他们。

所以,你如果想获得高效率,必须掌握这个新领域内的一些基本概念和术语,在接受专业服务时才能明智地评估,也才可能自己接手这项工作,节省时间和金钱。你经常会发现,那些看似高深莫测的术语背后的原理或操作可能非常简单,而在接受简短的相关培训后,你同样可以完成得很好。在考虑是去学习一个新领域的知识还是聘请相关领域的专业人士时,一个意义重大的决定因素是,我是否需要不止一次地重复某个相关的操作。

当我接触的项目中有需要重复多次的特定操作时,我更倾向于自己掌握这项操作。有时,我会找专业人士来示范如何正确操作，然后我就可以自己反复多次地利用这些知识。相对地，如果是一次性的操作任务，那么比起花大量时间去学习自己以后用不上的知识，找一位专业人士可能会更加经济、有效。

为了熟悉一个新领域，你可能需要学习一些软件，暂时走出自己的舒适区，这样才能最终独立完成相关的工作任务而不用依靠他人。我明白，这个建议并不适用于所有类型的工作。因此，在开始一个新项目之前，我会仔细审视每一个环节，考虑自己是能独立完成这些步骤，还是可能需要寻求其他人的帮助。重要的是记住一点，只要这项技能在项目结束后还可以重复利用，那么在学习上付出的努力终将得到回报。

在选择一个项目之前，我会仔细地研究，只有在掌握了全部数据后，我才会决定自己是否要启动这个项目。如果有两个项目可以选择，而两者都可以帮助我实现事业上的新目标，那么我会选择我自己可以独立完成的，哪怕这意味着我要离开自己的舒适圈去学习新的东西。

57. 提高系统效率

为了让系统的产出达到最大化,你必须建立一套高效的工作管理模式,并不断检查那些可能让你"卡住"的地方,确保规定和责任足够明确,尽可能让每个人都清楚彼此的职责,因为责任不清往往就是问题产生的源头。

找出那些可能会引发系统问题之处的一个方法是亲自仔细地检查整个过程,将问题尽可能详细地记录下来,然后再让其他人对过程的不同环节进行仔细检查,确保他们同样明白那些问题。

58. 规划替代方案

多年来，我发现人们在发展会遇到的一种困境，是得不到所需的专业帮助，无法开展工作。例如，你要写一本童书，需要一个插画家，而你心目中的人选此刻正在度假、生了病、忙着做别的项目或只是单纯没有时间，那么你可能会浪费宝贵的时间等待他/她。这类问题可以通过以下几个方法避免。

● 你书中的人物可以通过更精确的设计转变成一系列"商标"。一旦你采用了这个方法，你就无须等待原来的插画师回来工作，因为只要对人物进行标准化处理，其他插画师都能绘制出同样的人物。为此，你需要花些时间制定标准化原则（关于这个过程的详细说明，你可以在我之后的几本书中找到）。

● 在合作中，你需要考虑与一家公司而不是一个人签合同。在这种情况下，如果你对某个人有意见，合作公司至少可以换人来完成工作。

● 很多时候，签订一份详细的合同是必要的，比如当一个原本计划一周内完成的项目变为一整年时。你的经验越多，你就越能轻松地找出有问题的地方，避免耽误项目进度。

59. 合理利用外力

虽然在某些情况下，将业务外包能提高你的效率，但是在很多情况下，这正是减慢工作速度甚至导致项目以失败告终的原因。想成功地借助外部力量完成工作，你必须知道自己需要哪些帮助以及怎样利用这些帮助。

以下是你为项目寻找外部人员时需要考虑的几个重要因素。

- 人力成本：在很多情况下，雇用外部人员会让你的项目变得无利可图。
- 工作质量：在很多情况下，当你雇用外部人员工作时，工作的完成质量并不会如预期中那么好，而这可能会毁掉你的整个项目。
- 培训时间：你必须考虑到，你需要花时间对外部人员进行培训，才能让他们的工作达到令你满意的水平。而此时，你可能会发现在对他们进行工作培训的同时，你还要继续自己做这项工作，你要向他们支付报酬，短期内却得不到任何回报。你必须在计划阶段就想清楚自己能否避免这种情况，以及自己这段时间的付出是否值得。

外包任务往往不是最有效的解决办法，你需要对每一种情况进行单独判断。

你需要仔细研究执行的所有阶段，确认每个阶段需要培训的每一项内容。有时，我会选择程序中的若干功能而不是全套流程进行培训，这样我就不用把全部工作都交给外面去做。这样做有很多优势，比如节约资金，保证精确度，保持速度以及帮助我们掌握有助于我们个人发展的其他技能。我强调"速度"这个词，是因为我认为它是这种做法能帮助你获得的最大优势，能让你不需要依靠他人就能在短时间内完成令自己满意的工作。

60. 事先建立应对技术问题的机制

技术问题的出现会打乱你一天的安排，浪费你的宝贵时间。互联网无法正常连接，或者电脑突然黑屏而你没有保存和备份文件，以及很多类似的情况都可以在瞬间让你的努力付诸东流。

因此，我建议你事先建立一套应对机制。如果你在工作开始前就建立起一套安排有序、条理分明的系统，你的工作将变得更加准确、高效，你将能更迅速地取得成果，就算遇到突发情况也会有所准备。

结语

延续极度效率

缩短工作时间的要点总结

我们不能改变每个人一天都只有 24 个小时的事实，但我们可以提高自己在这 24 个小时里的效率。为了加快你的进步并且帮助你充分利用这本书，我会为你总结一些可以帮助你在短时间内实现目标的重要原则。

我认为，适时逆主流而行是最重要的一点。试想一下，当没有人妨碍你时，你可以尽量缩短完成工作所需的时间。比如，你可以试着自己来完成绝大部分工作，而不是像大多数人建议的那样寻求专业帮助和外部供应商，将责任委托给他人。

我在这里提出了一个"一站式服务"的概念，即你从头到尾基本上独立完成所有的环节。这样做将会帮你节省花在说明、训练和完善其他人那些不够令人满意的工作上的大量时间，还会节省浪费的其他资源。当你要决定是把责任委托给他人还是由自己来完成任务时，最好认真地考虑这种方式。

从思考和计划开始。在计划好每一个细节之前，不要开始任何工作。现阶段，你应该集中处理精确度的问题。

不要做任何对项目而言无关紧要的事。

努力找到一个在完成后可以重复运营的项目，就像打造一条流水线一样。通过这个方法，你可以提升自己的表现和效率。重复利用相同的步骤和资源可以帮助你更好地掌控项目，得到多次重复的流程也会变得越来越顺畅。

在顺利地完成整个流程后，你可以训练其他人做这项工作，从而缩短自己今后花在相似项目上的时间。只要你自己熟练地掌握了整个流程并构建了自己的方法，你就可以通过培训让他人代替你运行这个系统。

学习过程越高效，你和你的同伴取得的成果就会越好，从而缩短整个项目的时间。

提高工作效率的要点总结

通常情况下，如果想缩短完成一项工作的时间，我们就需要延长自己处于最好工作状态的"有效时间"。我们可以通过把"停滞期"转变成"运行期"来达成这个目标，并避免那些不断分散我们的注意力、拖慢我们发展速度的"时间垃圾"。

接下来，我会简单总结延长有效时间的要点。

每个人都有不同的习惯和表现，然而我们大多数人都有某些可以预期的行为习惯，我们可以根据这些已知信息预先做出计划来延长自己的有效时间。

首先，找到你的停滞期，例如浪费在堵车上的时间、等待会议开始的时间、排队的时间等。

其次，试着了解你需要的到底是什么，以及如何充分利用这些停滞期为自己服务。

根据前面介绍的技巧，这里总结几个要点。

- 如果缺少学习时间，你可以使用有声书等学习材料，同时还可以做其他事情，如开车、等人、锻炼、洗碗、购物等。
- 如果缺少写作和构思的时间，你可以通过录音记下自己的想法，同时还可以做其他事情，如开车、散步、等人等。
- 前文讲过，你需要努力寻找自己抱有热情的项目。当我们是出于真正的热情和兴趣行动时，我们就感觉不到付出的辛苦，因此就可以有更多的时间，并把停滞期有效利用起来。

- 另一个有助你延长时间、创造最佳成果的要素是以最好的状态开始一个新项目。这个话题包含很多方面，比如摄入合理的营养，保证充足的睡眠，多喝水，清理体内毒素，穿着得体，通过自我调节获得良好的情绪和动力。

- 一个非常重要的因素是精确度。你必须削减花在无关紧要的事情上的工作时间，尽可能提升花在重要工作上的时间。因此，如果你想要延长有效工作时间、利用停滞期，那么你需要不断确定自己在做的事情是否重要，是在帮助你取得成果还是在浪费你宝贵的时间。

长期保持极度效率

我们需要通过休息来保持生活的平衡，这样我们才能继续高效地工作，这便是休闲娱乐的重要性所在。这本书提倡的并不是工作狂式的生活，而是能够帮助你创造最出色个人成就的方式。

一个人不可能始终保持最佳状态，但是如果你想要在本书中有所收获，有几个办法会有助于你有效地管理自己的工作和生活。为了能让极度效率成为你生活中的一项长期成就，我在这里总结了几条你需要养成的习惯性做法。坚持这三个步骤，成功必然在不远处等待你。

- 写日志记录自己的定期活动。通过这种方法，你会发现你的时间都浪费到哪里去了。
- 列出你近期想完成的任务并排列优先级，如写一本书、准备一项考试、创业等。
- 选择一个你可以利用自己的空闲时间来完成这些任务的方法。

最后，我希望这本书可以帮助你更有效地思考，为你带来新的思维方式。欢迎你联系我咨询任何问题，我将很乐意为你提供帮助。

图书在版编目（CIP）数据

极度效率/（以）阿米特·奥菲尔著；吴虹雨译
.—南昌：江西人民出版社，2019.2
 ISBN 978-7-210-10866-5

Ⅰ.①极… Ⅱ.①阿…②吴… Ⅲ.①成功心理—通俗读物 Ⅳ.①B848.4-49

中国版本图书馆CIP数据核字(2018)第240352号

24/8-The Secret of Being Mega-Effective. Copyright © Amit Offir
Rights Arranged by Peony Literary Agency Limited through Asia Publishers Int., Israel (asia01@netvision.net.il)
本书简体中文版由银杏树下（北京）图书有限责任公司出版。
版权登记号：14-2018-0287

极度效率

作者：［以色列］阿米特·奥菲尔　译者：吴虹雨
责任编辑：冯雪松　特约编辑：刘昱含　筹划出版：银杏树下
出版统筹：吴兴元　营销推广：ONEBOOK　装帧制造：墨白空间
出版发行：江西人民出版社　印刷：北京天宇万达印刷有限公司
889毫米×1194毫米　1/32　5.5印张　字数80千字
2019年2月第1版　2019年2月第1次印刷
ISBN 978-7-210-10866-5
定价：36.00元
赣版权登字 -01-2018-828

后浪出版咨询(北京)有限责任公司常年法律顾问：北京大成律师事务所 周天晖 copyright@hinabook.com
未经许可，不得以任何方式复制或抄袭本书部分或全部内容
版权所有，侵权必究
如有质量问题，请寄回印厂调换。联系电话：010-64010019